直擊大災難

WITNESS TO DISASTER

作者：朱迪．弗雷丁　丹尼斯．弗雷丁
翻譯：陳　曦　許一妮　高天羽
審定：王執明　吳祚任　吳俊傑

大石文化 Boulder Publishing

直擊大災難

作　　者：朱迪・弗雷丁　丹尼斯・弗雷丁
翻　　譯：陳曦　許一妮　高天羽
特約編輯：游淑峰
責任編輯：黃正綱
美術編輯：徐曉莉　王 召

發 行 人：李永適
副總經理：曾蕙蘭
版權經理：彭龍儀
出 版 者：大石國際文化有限公司
地　　址：台北市羅斯福路 4 段 68 號 12 樓之 27
電　　話：(02) 2363-5085
傳　　真：(02) 2363-5089
印　　刷：博創印藝文化事業有限公司

2012 年（民 101）6 月初版
定價：新臺幣 450 元
本書正體中文版由 National Geographic Society
授權大石國際文化有限公司出版
版權所有，翻印必究
ISBN：978-986-88136-5-6（平裝）
＊ 本書如有破損、缺頁、裝訂錯誤，
請寄回本公司更換

總代理：大和書報圖書股份有限公司
地址：新北市新莊區五工五路 2 號
電話：(02) 8990-2588
傳真：(02) 2299-7900

國家地理學會是世界上最大的非營利科學與教育組織之一。學會成立於1888年，以「增進與普及地理知識」為宗旨，致力於啟發人們對地球的關心，國家地理學會透過雜誌、電視節目、影片、音樂、電台、圖書、DVD、地圖、展覽、活動、學校出版計畫、互動式媒體與商品來呈現世界。國家地理學會的會刊《國家地理》雜誌，以英文及其他33種語言發行，每月有3,800萬讀者閱讀。國家地理頻道在166個國家以34種語言播放，有3.2億個家庭收看。國家地理學會資助超過9,400項科學研究、環境保護與探索計畫，並支持一項掃除「地理文盲」的教育計畫。

國家圖書館出版品預行編目（CIP）資料

直擊大災難
朱迪・弗雷丁　丹尼斯・弗雷丁 －初版
陳曦　許一妮　高天羽　翻譯
－臺北市：大石國際文化，民 101.06
254 頁：20.1×20.1 公分
譯自：Witness to Disaster
ISBN：978-986-88136-5-6（平裝）
1. 自然災害　367.28 101010966

Text copyright © 2007, 2008 Judith Bloom Fradin and Dennis Brindell Fradin
Series design by Daniel Banks, Project Design Company;
Designer, Kerri Sarembock, Project Design Company
All rights reserved.
Copyright Complex Chinese edition © 2012 Judith Bloom Fradin and Dennis Brindell Fradin
All rights reserved.
Reproduction of the whole or any part of the contents without written permission from National Geographic Society is strictly prohibited.

第一章 地震 8

第二章 火山 52

發光的火山熔岩，2002年攝於義大利西西里島的埃特納火山

第三章 海嘯

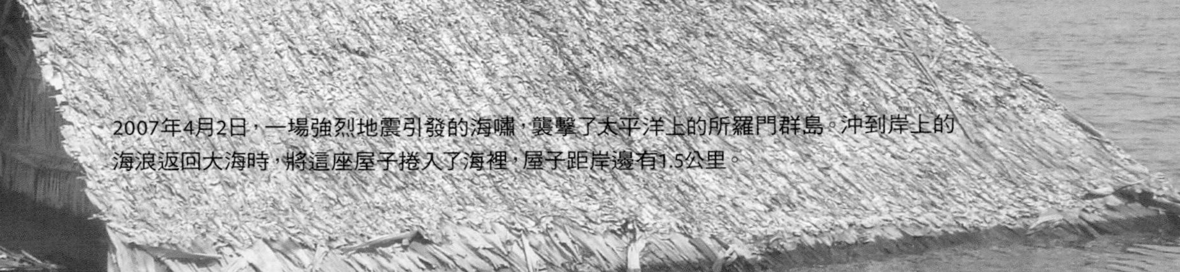

2007年4月2日，一場強烈地震引發的海嘯，襲擊了太平洋上的所羅門群島。沖到岸上的海浪返回大海時，將這座屋子捲入了海裡，屋子距岸邊有1.5公里。

第四章 乾旱 138

馬達加斯加是全球第四大島嶼，位於非洲東南海域。該島國的南部正飽受乾旱之苦，圖為島上居民在令人窒息的塵土中步行去工作。

第五章 颶風 180

「地球用一種奇妙的方式告訴我們它是活著的，它就像所有有生命的有機體一樣，不斷運動著、變化著。」

——艾伯特．M.洛佩．茲委內加斯博士 美國地質調查局

聖安地列斯斷層沿美國加州的太平洋海岸綿延約1300公里，深約16公里，它是北美洲板塊和太平洋板塊的分界線。這幅照片是用魚眼鏡頭拍攝的，這種鏡頭會使地球表面的彎曲程度看起來比實際大。

第一章：地震

EARTHQUAKES

翻譯：陳　曦
審定：吳祚任

第一節

大地不停地震顫

1964年阿拉斯加大地震

地震後，阿拉斯加州安克拉治市中心第四大道的街道一側——包括商店和地面上所有的東西——比原來的路面驟然低了1.8～2.5公尺。

對於許多阿拉斯加人來說，1964年3月27日下午看來應該會是個愜意的午後。安克拉治和其他幾座城市裡，人們正在下班回家的路上，或在準備晚餐，或是正在為即將到來的復活節忙碌著。可是誰也不知道，即將發生的事情讓這個耶穌受難日變成了畢生難忘的「阿拉斯加受難日」。下午5點36分，阿拉斯加南部地面以下21公里的地方，大片的岩石忽然移動並斷裂，引發了一場大地震。

「地震發生時，我正在隔壁我朋友雷蒙德家裏，」蜜雪兒·多蘭回憶著那個下午，「我們正在邊看動畫片邊跳舞。以前我們碰到過很多小地震，所以一開始大家都不覺得害怕。」包括當時8歲的蜜雪兒在內，地震時共有近5萬人居住在阿拉斯加最大的城市——安克拉治。

「我回頭看見自己的房子扭曲著，還發出巨大的呻吟般的響聲，就像一個人經歷著臨終前的痛苦。整個房子看起來像是一塊巨大的太妃糖，被人用力拉扯著、擠壓著、絞擰著」

羅伯·B．阿特伍德，當時《安克拉治日報》的主編兼出版人

地震很快變強了。「這次厲害得多，」蜜雪兒說：「電視機掉下來摔壞了。很快房子也開始傾斜。我根本沒辦法站起來跑出去，只能手腳並用地爬。接著我連動也動不了，只能平躺在地板上。地震是一陣一陣來的，可能這會兒慢慢平靜了一點，然後馬上又聽見可怕的巨響，那意味著強烈的震動又一次開始了。地震就這樣一遍一遍地重複，平靜、巨響、震動。」

遠在480公里外科迪亞克島的舊港，維奧拉·西米恩諾夫也經歷著這場地震。她當時

正在朋友朗蒂娜家裡，「朗蒂娜的姐姐告訴我們必須趕快跑到房子外面，但我根本動不了，因為整個地面都在不尋常地動著。最後我終於跑了出來，但地面還在不停震動，一直持續，感覺過了很久都還不停。我朝附近的山上望去，看到上面的雪正在崩落，像是有很多巨大的雪球滾下來。地震終於停止了，朗蒂娜的爸爸讓我回家，說大水可能就要來了。」

「你知道噴射機減速、逆轉引擎發出的那種巨大的聲音嗎？地震聽起來就是那樣。」

蜜雪兒·多蘭，阿拉斯加大地震時，8歲的她與家人居住在阿拉斯加的安克拉治市。

地震持續了五分鐘，然而就在這短短的五分鐘裡，它為13萬平方公里的阿拉斯加州帶來了巨大的破壞：巨大的裂縫撕裂了大地，山崩和雪崩使大量的土、岩石、冰和雪滾下山坡，樓房搖晃、倒塌，火車鐵軌扭曲變形，大橋崩塌，汽車像在彈簧床上無助地彈上彈下，共有20人喪生。安克拉治市的四分之三受創或被毀。

但這場地震帶來的災難並未結束，另一個危機潛伏未發。就像維奧拉朋友的爸爸所警告的那樣，洪水即將到來。

發生在海下或海邊的地震會擾動海水，造成海嘯。這些海浪推進的速度可以超過每小時800公里，海浪在海面上時並不很高，一旦接近陸地，海嘯帶來的浪會堆積起來，形成巨大的水牆，所到之處無堅不摧。

阿拉斯加的這次耶穌受難日大地震，震源位於威廉王子灣附近，還引起了大海嘯。地震後幾分鐘，海嘯抵達了阿拉斯加州的瓦爾迪茲。超過9公尺高的巨浪沖走了一個碼頭，導致28人喪生，摧毀了幾乎整個城鎮。

幾乎就在同一時間，21公尺多的滔天海浪襲擊了切尼格，這是一個阿拉斯加的原住民社區，位於威廉王子灣的一座小島上。社區的76名居民中有23人溺斃在巨浪中。

地震過後20分鐘，12公尺高的海嘯撲向了蘇厄德市。在接下來的幾個小時裡，又

直擊海嘯

「爸爸最後一個爬上屋頂。他剛爬上來，海浪就到了，那浪非常巨大。海浪把周圍的一切都摧毀了，只剩下我們這棟房子。後來房子底部鬆動了，我們緊緊抓著屋頂的建材板，跟著房子在水裡打轉。我感覺自己像是置身於《綠野仙蹤》的那個房子裡一樣，還看到我們家的汽車從旁邊漂過。在水裡旋轉了15～20分鐘之後，房子終於卡在了幾棵樹間停了下來，這時候距離我家大約已經1.5公里了。」

琳達·麥克雷·麥克斯溫，地震時只有15歲，海嘯襲擊阿拉斯加州的蘇厄德市時，她與家人爬上屋頂而死裡逃生。

在地震中遭到破壞的廢墟，建在鄰近安克拉治市區特納蓋恩高地一處倒塌的懸崖上，其災後景象成為當時《生活》雜誌的封面，這本暢銷雜誌以攝影著稱。

阿拉斯加大地震引發的海嘯把漁船捲到了內陸，離岸邊至少五個街區。

有五波巨浪襲擊。科迪亞克市中心幾乎每小時都會被海嘯猛烈襲擊一次，這種狀況一直持續到淩晨3點。科迪亞克的鬧市區幾乎被完全摧毀。透過無線電，一名船長報告說他的漁船安全「著陸」——停在離岸邊有五個街區的一個學校後面。

在舊港，鎮上的官員知道在強烈的地震之後必有海嘯緊隨而來，於是他們帶領居民向高處疏散。舊港的200名居民中有很多都在山上度過了這一夜，維奧拉也在其中。「整晚我們都可以聽到海浪不停拍打房子的聲音從山下傳上來，一波接著一波，」她說：「到了早上，我發現海嘯已經把我們整個鎮都毀掉了。」

地震引起的海嘯不只影響了阿拉斯加。那天半夜，四波巨浪襲向了加州的克雷森特城，那裡距安克拉治有2700公里。

這場阿拉斯加大地震一共導致約132人喪生——其中大部分人死於海嘯。除了人員傷亡損失，這場北美洲有史以來最強烈的地震造成了7.5億美元（相當於現在的45億美元，約合新台幣1350億）的財產損失。

第二節

就像被一隻巨腳踩扁

為什麼會有地震？

1995年1月17日，日本神戶發生地震，阪神高速公路在地震中坍塌。

從古時候起，人們就開始思考這樣一個問題：為什麼大地會不時地發生震動？

古希臘人認為，他們的神亞特拉斯反抗眾神之王宙斯失敗後，宙斯罰他用肩膀扛起整個大地。這擔子實在太重了，為了緩解肩膀的重壓，亞特拉斯有時會把世界從一隻肩膀換到另一隻肩膀。而每當他換肩的時候，大地就會震動。

中國古人則認為地震是由地龍引起的；這條巨龍住在地下很深的地方，每當牠發怒時就會震動大地。日本人則覺得這個世界是被一條巨鯰背在背上的，牠突然動一下就會發生地震。而根據俄羅斯古老的傳說，一位身形巨大的神駕著狗拉雪橇穿過雪地，每當這些狗用爪子搔癢身上的跳蚤時，大地就會震動。很早以前的猶太人和基督徒相信，地震是上帝用來懲罰邪惡之徒的；《聖經·舊約·詩篇》第60章寫道：「祢使地震動，而且崩裂。」

人們對地震進行科學研究只有250多年。

「我不知道是地震，我以為是世界末日到來了。」

維托·阿爾法諾，當時只有11歲，1980年義大利城鎮聖斯特凡諾迪索爾大地震中的倖存者。

這幅畫描繪的是日本的商人正懲罰傳說中的巨鯰，因為是牠引發地震，毀壞了城市。

英國科學家約翰·米歇爾是地震研究的先驅。1760年，米歇爾將地震與大規模的岩石運動聯繫在一起，使地震研究走上了正確的道路。99年之後，也就是1859年，愛爾蘭科學家羅伯·馬利特得出結論，認為地殼的壓力是導致地震的原因。到了1960年代，一種有關地震的新理論又被提了出來，現在大多數科學家都接受這個理論。

板塊構造學說

地球由三個基本層次構成。最外面的一層叫做地殼，是固體岩石。各大洲陸地

板塊構造

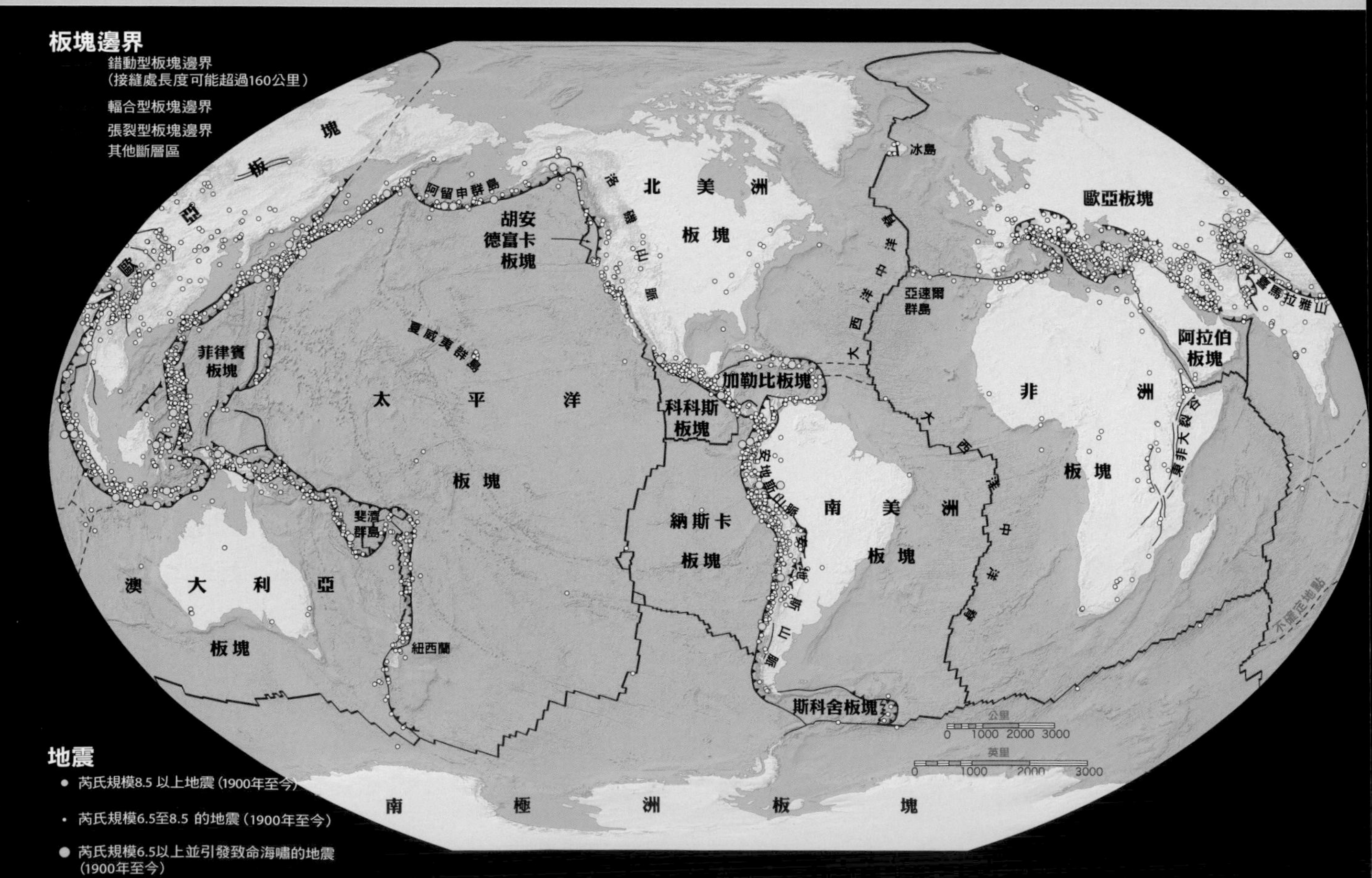

下的地殼平均厚度約33公里，但海洋下的地殼平均厚度只有6公里左右。地殼下面是地函，由熾熱的固體岩石組成，可深至地下2900公里。地球最裡面的一層是地核，是地球的中心。地核由固體金屬和熔化了的金屬組成，溫度極高，可達攝氏7000多度。

根據板塊構造學說，地球最外面厚達100公里的這一層外殼（包括整個地殼和部分地函）由若干彼此分開的岩石塊組成，這些岩石塊叫做板塊。地球大約擁有14個大板塊和許多小板塊。

這些板塊並不是靜止不動的。受到地球深處的熱流的推動，這些板塊會不斷運動，每年移動的距離約1.3公分。在板塊交界處，板塊之間會互相摩擦擠壓，對地下的岩石造成壓力。如果運動的板塊對岩石產生了足夠大的壓力，岩石就會斷裂，從而引發地震。有些地方的岩石很容易斷裂，就會時常有小地震發生。而在另一些地方，地面下的岩石緊緊地扣在一起，壓力會不斷積累，直到岩石在一次巨大的衝擊中斷裂，引發一場大地震。

「在加州，太平洋板塊與北美板塊沿著聖安地列斯斷層相互錯動。現在相連的邊緣變得不再相連，只是早晚的問題。」

麗莎・沃爾德，美國地質調查局地震災害專案科學家

聖安地列斯斷層的運動示意圖

地下岩石斷裂的地方被稱為斷層。隨著板塊繼續運動，它們會折斷越來越多的岩石，

板塊運動塑造地球的地貌

圖中的藍色透明片代表海平面。

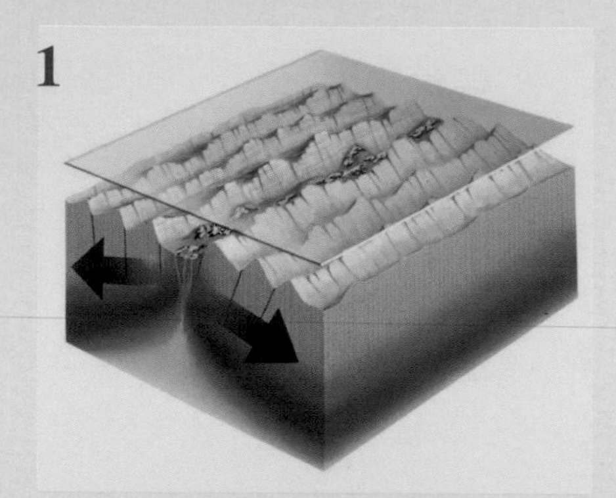

當海洋下方的構造板塊慢慢向著互相遠離的方向運動時，張裂運動就會發生。地殼下面的熔岩會填充張裂運動造成的空隙。熔岩冷卻後，就形成了海底山。在極少數情況下，在陸地上也可以看到這種地貌，例如，東非大裂谷和冰島的辛格韋德利地塹（見封底）。

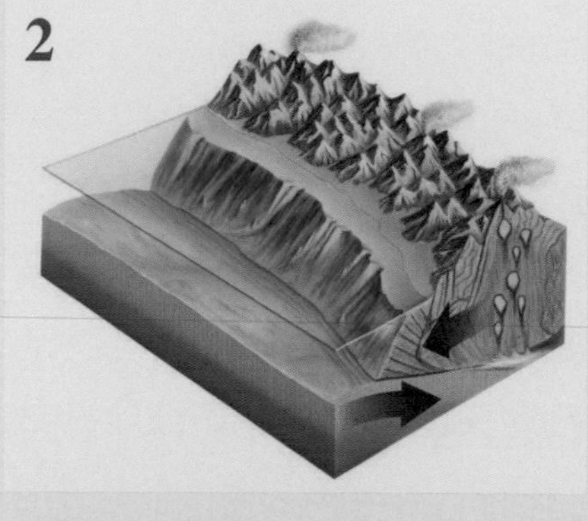

當較薄、密度較大的海洋板塊滑到較厚、密度較小的大陸板塊下方時，強烈的地震或火山爆發就會發生。這個過程叫做隱沒。環太平洋火山帶的地質活動中，大部分都是由隱沒引起的。

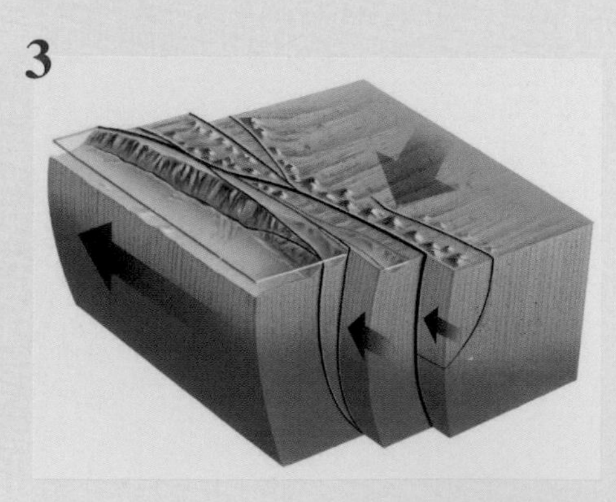

有時候，板塊之間會水平滑動，使地殼發生垂直方向的斷裂，形成走滑斷層。聖安地列斯斷層就是其中之一。

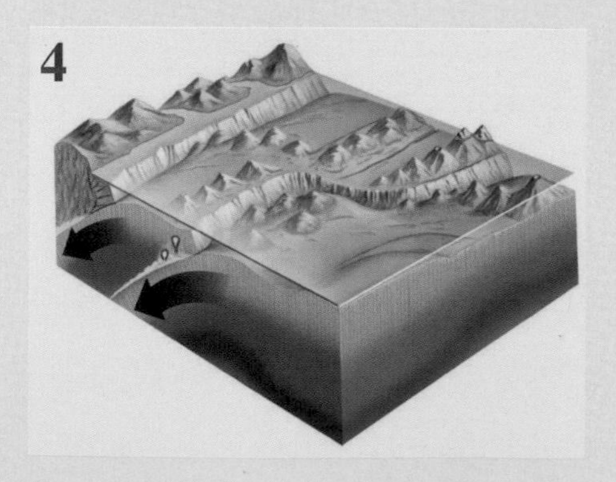

當兩個板塊相互擠壓時，地面會被向上推起，這時這兩個板塊的運動稱為輻合。這個過程會造成大地震、形成雄偉的高山。

沿著斷層引發更多地震。聖安地列斯斷層是美國境內最有名的斷層，它位於太平洋板塊和北美洲板塊的交界處，在加州境內綿延約1300公里。聖安地列斯斷層一帶發生過很多次地震，其中包括1906年的舊金山大地震。地震並不是板塊交界處發生的唯一的自然現象。在運動板塊交界處的地下深處，會有岩石熔化。這些熔岩有可能上升，並噴出地面，形成火山。

地球上主要的地震帶和火山帶大致都呈長方形或環形。如火環就位於太平洋板塊與其他板塊交界的地方，上面分布著大量的火山和地震點。

地震學

地質學家是研究岩石、山脈和地球其他方面的科學家，地震也在他們的研究範圍內。地質學還設有一個專門跟地震打交道的分支，叫做地震學（seismology）。Seismology來源於希臘詞語seismos，意為「震動」或「地震」。

地質學家和地震學家把地震在地下發生的位置叫做震源，把地面上正對震源的地方叫做震央。通常來說，離震央最近的地方，地震的破壞性最大。阿拉斯加大地震時，安克拉治距離震央不遠，因此這座城市受到重創。

科學家們用一種叫做地震儀的設備探測地震，並確定地震的位置和強度。俄羅斯地震學家伯里斯·伽里津王子在20世紀初發明了現代地震儀。

「地震所產生的能量以地震波的形式在地下傳播，」阿拉斯加州的地震學家羅傑·漢森博士解釋道：「地震時我們感覺到的就是這些地震波。」

地震的強度被稱為規模，簡寫為M。

「大地顫動著，就像一碗果凍似的……樹木傾斜彎曲，像是被颶風刮過，但當時一點點風也沒有。」

道格·麥克雷，回憶1964年阿拉斯加大地震。

芮氏地震規模是由美國地震學家查理斯·F.芮克特於1935年發明的單位。「每一個整數芮氏規模所代表的地震強度，都是前一個整數芮氏規模所代表強度的約33倍，」漢森博士繼續說道：「這就是說，芮氏規模5.0地震的能量或力量是4.0地震的33倍。芮氏規模6.0的地震力量是規模4.0地震的約1000倍」。芮氏規模2.0的地震算不了什麼，地球上每天都有上百個這樣的地震，發生時甚至難以被人覺察。會造成破壞的地震通常芮氏規模達到5.5或以上。造成很大傷亡的地震通常至少是芮氏規模6.0。美國最著名的地震當屬1906年的舊金山大地震，為芮氏規模8.3，而1964年阿拉斯加大地震達到芮氏規模9.2，為北美洲最高的強震紀錄。有紀錄的地震中，規模最高的為芮氏規模9.5，於1960年5月發生在南美洲的智利南部。

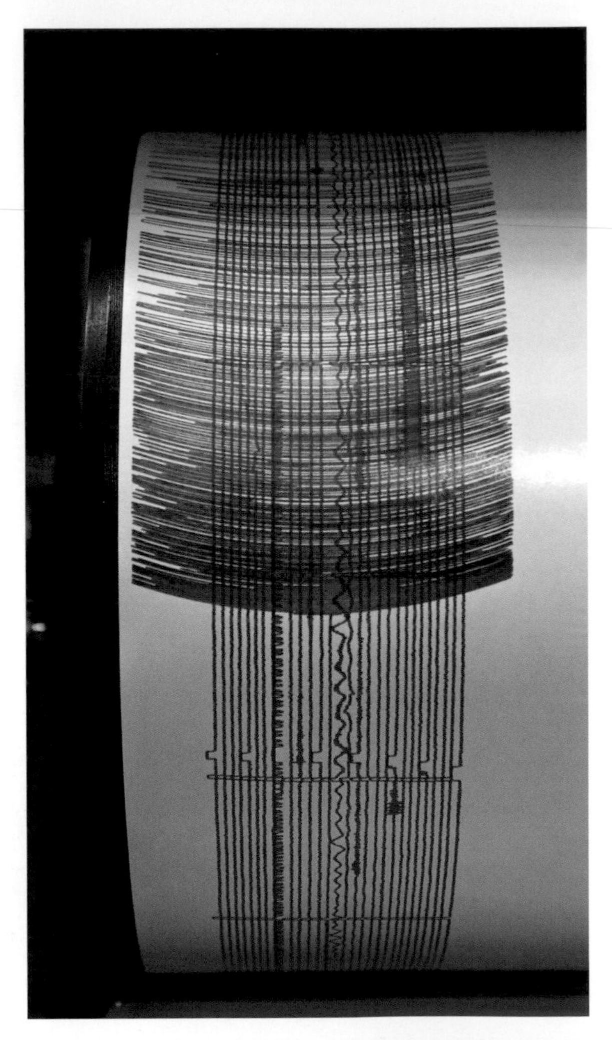

在聖加布里埃爾山脈測得的地震數據被傳送至加州理工學院的地震儀上，記錄了2003年發生在聖西米恩芮氏規模6.5的地震。

「地震的強度與滑動的斷層大小，以及滑動距離有關；所以斷層越大、滑動距離越長，引起的地震就會越強烈，」美國地質調查局（USGS）的地震學家麗莎·沃爾德解釋說：「另外，規模愈大，地震持續時間也會越長，可能造成的破壞也就越大。」一次小地震可能只會持續一兩秒鐘。

1993年在日本發生的一次地震中，地震波使路面發生了彎曲。這條路位於北海道——日本最北邊的大島。

美國地質調查局另一位地震學家露西·瓊斯博士指出：「聖安地列斯發生的地震可能持續一至三分鐘。智利的芮氏規模9.5大地震不僅是已知最強的地震，也是持續時間最長的地震，它持續了11分鐘。」

地震規模並不是衡量地震破壞強度的唯一標準，地震發生的位置也很重要。發生在人口密集地區的地震，造成的死亡和破壞遠遠大於發生在偏遠地區的地震。中國、印

「在非常強烈的地震中，你真的可以看到地震波。2002年阿拉斯加東南部發生芮氏規模7.9的地震時，我的一些同事親眼目睹地面像水波那樣起伏。當地震波沿地面傳播時，地面真的在滾動。」

羅傑·漢森博士，地震學家

度和日本曾經發生過一些傷亡極為慘重的地震，其原因之一即是這些國家人口眾多，並且有很多人口密集的大城市。

一些地震過後還會發生一些小的震動，這種震動叫做餘震。科學家相信餘震是由大斷裂之後，一些較小的岩石斷裂引起的。餘震可能會使地震中已經破損嚴重的建築物倒塌。阿拉斯加的耶穌受難日大地震之後發生了7500多次餘震。

「我走在空盪盪的城市，一個被巨大的紅色惡魔照亮的寂靜城市，大火吞噬著一切，人類微薄的力量對它完全束手無策。」

F.愛德華·愛德華茲，描述舊金山大地震引起的大火。

地震中的五大殺手

地面的晃動並不是地震中導致傷亡的主要因素。一個人在地震時如果剛好身處開闊的空地，即使地震非常強烈，他通常也是安全的。電影裡常出現地震時有人掉進巨大的地縫中的鏡頭，這確實發生過，但非常罕見。地震中真正致命的因素是建築物倒塌、大火、山崩、雪崩和海嘯。

地震時地面的震動可能會使建築物搖晃倒塌，無論是建築物裡面還是外面的人，都有可能被掉落的房屋碎片砸傷甚至喪命。1960年摩洛哥亞加迪爾市發生地震，1.2萬人喪生，整座城市幾乎全被夷平。一名倖存者說，當時的亞加迪爾「就像被一隻巨腳踩扁」。

地震還會讓整座城市陷入火海。地面的震動會讓原本安全的爐灶、煙囪和壁爐變成危險的火源，還可能破壞瓦斯管線。更糟糕的是，地震還會毀壞自來水管，無法用水救火。1906年舊金山大地震中，大火就造成了非常嚴重的危害，所以很多人把那場災難叫做「舊金山大地震與大火」。

山地和丘陵地區是地震的好發帶。搖晃的大地會使陡坡上的泥土和石塊滾落，

1959年8月17日，兩次大地震襲擊了美國蒙大拿州，只間隔了數秒。震央位於美國黃石國家公園西北方，兩者相距僅16公里。一處山坡發生坍塌，將7000萬噸石頭沖進麥迪遜河。滑坡堵住了河道，形成了97公尺深的地震堰塞湖。

形成山崩。地震也可導致山上的積雪鬆動，滾下山來，形成雪崩。泥土、石塊和積雪向山下一路滾落的時候，途中遇到的一切都會被破壞和掩埋。

發生在海底或海邊的大地震有時會引發海嘯。巨浪可能會推進幾千公里，淹沒岸邊的城鎮。2004年底，印尼附近的印度洋海床發生大地震。地震引發了大海嘯，造成約23萬人溺斃，波及十幾個國家。

古老地球的心碎了

歷史上的大地震

阿雷基帕的聖多明哥教堂在1868年的祕魯地震中化為一片廢墟，照片中的6個人在殘垣斷壁當中，顯得格外渺小。

幾個世紀前發生過一些可怕的地震，因年代久遠我們難以得知細節。下文中提到的地震不一定是最強烈或者造成傷亡最大的，但它們因記錄翔實而廣為人知。

「我以為自己很快就會被砸死，因為那些牆不停地前後搖晃，可怕極了。」

查理斯·戴維牧師，里斯本大地震的倖存者

里斯本大地震引發的海嘯抵達了1,700公里之外的荷蘭。

1755年里斯本大地震

1755年11月1日是萬聖節——基督教的宗教節日之一。在葡萄牙首都，人口達25萬的里斯本，教堂內燈火通明，擠滿了前來做晨禱的教徒。

上午9點半，一次持續3分鐘的強烈地震襲擊了里斯本，15分鐘的平靜後，更為強烈的地震再次發生，這次持續了5分鐘。建築物倒塌了，大火四起，數千人喪生。

這場地震的震央似乎位於大西洋海床，距離里斯本大約320公里。地震還引發了一連串的海嘯。六公尺多的巨浪打翻了船隻，淹死數千名里斯本居民。里斯本大地震引發的海嘯還影響了西班牙和非洲的沿岸地區，甚至波及了距里斯本6400公里的西印度

群島。

晃動的大地、大火和海嘯奪走了至少6萬人的生命，摧毀了里斯本三分之二的地區。由於海嘯造成的遇難人數很難精確統計，實際死亡人數可能更多。

1811～1812年美國密蘇里州新馬德里地震

1811年12月16日凌晨2點15分，一場大地震降臨在美國密蘇里州的新馬德里。這個坐落在密西西比河旁的城鎮有1000名居民，地震發生時許多人衝出搖晃的小屋，跑到室外，大地搖晃得很劇烈，站都站不穩。後來科學家估計這場地震達到芮氏規模8.1，是美國中部迄今為止最強烈的地震。新馬德里的居民伊莉莎·布萊恩後來在一封信中寫道：

> 強烈的地震向我們襲來，伴隨著巨大的可怕聲響，聽起來像遠方的響雷。驚恐的人們尖叫著跑來跑去，卻不知道該跑到哪裡，也不知道該怎麼辦。還有鳥獸的嚎叫聲，樹木倒下的劈啪聲，密西西比河的咆哮聲，共同交織成一幕非常可怕的景象。

接下來的兩個月裡，新馬德里地區又發生了許多次地震，有幾次簡直像第一次地震那樣劇烈。以新馬德里為中心，方圓百公里內已經罕有完好無損的建築物。地震改變了這裡的地貌。一些地方的地面升高，另一些地面下陷。水積聚在下陷的地區，形成沼澤和湖泊，這其中包括田納西州西北部的里爾夫湖。新馬德里鎮是幾處被水完全淹沒的地方之一，後來小鎮在距離原址1.6公里外的地方重建，而原來的小鎮已經靜靜地躺在密西西比河的河底了。

地震還將樹林連根拔起，引發了山崩，掉落的石塊跌入密西西比河。僅相隔幾個月後，1812年2月7日又有多次地震發生，改變了密西西比河的河床高度，雖然這改變只是暫時的，但這條浩瀚的大河部

「大地波動著，像微風吹過的玉米田。」

野生生物畫家**約翰·詹姆斯·奧杜邦**，描述新馬德里地震時他在鄰州肯塔基州的感受。

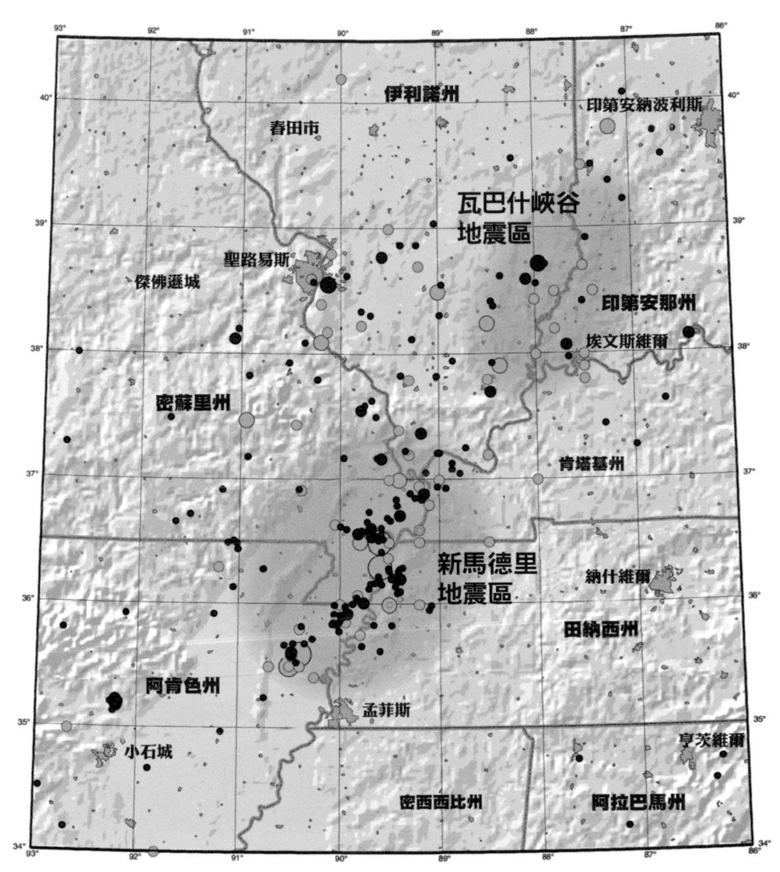

地圖中的小圓圈代表曾發生在新馬德里和瓦巴什峽谷地震帶的芮氏規模2.5以上的地震。紅色圓圈代表發生在1974年～2002年之間的地震；綠色圓圈代表更早之前發生的地震。圓圈越大，代表地震越強烈。

分河段因此倒流了好幾個小時。

在後來的很多年間，人們認為新馬德里地震發生得十分奇怪。因為發生地點既不是多山地區，也不是構造板塊的交界地帶，而是北美洲板塊的中間。這樣大規模的地震未來在美國中部再次發生的機會似乎不大。

後來到了1970年代，地質學家們在新馬德里的地下發現了數億年前形成的斷層。北美洲板塊的緩慢運動會折斷這些斷層邊緣的岩石，因而在板塊中部引發的地震與在板塊邊界發生的地震一樣強烈。事實是，美國中部可能還會發生更多像1811～1812年新馬德里地震那樣強烈的地震。與當年不同的是，現在這個地區人口已經相當密集，分布很多大城市，如密蘇里州的聖路易斯，田納西州的孟菲斯和納什維爾，阿肯色州的小石城等。如果兩個世紀前的新

SAN FRANCISCO DOOMED

EXTRA Oakland Tribune. EXTRA

VOL. LXV OAKLAND, CALIFORNIA: WEDNESDAY EVENING APRIL 18, 1906 NO. 49

GREAT EARTHQUAKE!

DEATH AND DESTRUCTION SWEEP THE BAY CITIES!

HUNDREDS DIE IN RUINS!

THIS MORNING AT 5:14:48 O'CLOCK AN EARTHQUAKE SHOCK WAS EXPERIENCED IN OAKLAND AND A NUMBER OF OTHER CALIFORNIA CITIES. THE TEMBLOR LASTED FOR 28 SECONDS. MANY CHIMNEYS IN PRIVATE HOUSES, MERCANTILE ESTABLISHMENTS AND MANUFACTURING INSTITUTIONS WERE KNOCKED DOWN. IN SOME CASES HOLES WERE TORN IN THE WALLS OF BUSINESS PLACES, BUT NO STRUCTURES WERE ENTIRELY DEMOLISHED. WATER FOR A TIME WAS CUT OFF FROM CONSUMERS, AND TELEGRAPH AND TELEPHONE COMMUNICATION WAS INTERRUPTED. THE LOSS WILL AGGREGATE SEVERAL HUNDRED THOUSAND DOLLARS. FIVE LIVES WERE LOST. THESE VICTIMS WERE CRUSHED TO DEATH IN A ROOMING HOUSE. IN SAN JOSE AND SAN FRANCISCO THE LOSS OF PROPERTY AND LIFE WAS EXCESSIVE, ESPECIALLY IN THE LATTER PLACE, WHERE THE EASTERN PART OF THE CITY, INCLUDING THE PALACE HOTEL, THE CALL BUILDING, THE CHRONICLE BUILDING AND THE CITY HALL AND A NUMBER OF OTHER STRUCTURES WERE REDUCED TO ASHES BY FIRE WHICH BROKE OUT IN THE DISMANTLED STRUCTURES. THE LOSS THERE WILL RUN INTO MANY MILLIONS.

TO THE PEOPLE:

Keep cool. Keep your heads. Keep your courage.
Don't exaggerate.
Don't get panic stricken.

An earthquake shock of great violence and long duration is an appalling calamity, but a panic is infinitely worse.

Reason, courage, and calmness dissolve in times of panic like snow in a spring thaw, and confusion, irresolution prevail at a time when judgment and action are the supreme necessity of the hour. Beware of crediting and circulating wild rumors, and avoid idle lamentation.

A great disaster has befallen San Francisco, Oakland and several other California cities, due to mysterious elemental disturbance. There has been widespread damage to property and considerable loss of life. Careless and imperfect construction is responsible for nine tenths of the damage and a great majority of the casualties.

It may be a thousand years before there is such another disturbance in this locality, but the consequences of this one is an admonition not to repeat the errors of the past. The damage is so far from being irreparable that it should dishearten no one. Therefore it is wise to take counsel of reason and courage, and shun the fearful infection of timid, the superstitious and weak-minded.

Now is the time for the citizen of Oakland and San

(Continued on Page 2.)

FIVE ARE KILLED

Five people were killed in the Empire Building on Twelfth Street, near Broadway.

The dead are:

OTTO WISHER, forty-five years of age.
AMELIA WISHER, thirteen years of age.
EDWARD MARNEY, about twenty-five years of age.
MRS. EDWARD MARNEY, twenty-five years old
Unknown man, about twenty-five years of age.
JOHN JUDD dropped dead of heart disease.

BUNKERS IN BAY

REMOVING THE DEBRIS

STANFORD BUILDINGS DOWN

KILLS HEAD OF ASYLUM

THE CALL IS BURNING

SAN FRANCISCO, APRIL 18.—THE SAN FRANCISCO CALL BUILDING IS ON FIRE, AND AT THIS WRITING IT SEEMS CERTAIN THAT IT WILL BE TOTALLY DESTROYED.

FLAMES ARE RAPIDLY EATING AWAY THE STRUCTURE DESPITE THE EFFORTS MADE TO SAVE THIS MAGNIFICENT BUILDING. STREAMS OF WATER ARE BEING TURNED INTO THE BLAZING PILE, BUT SO INTENSE IS THE HEAT THAT THE WATER BECOMES STEAM, AS SOON AS IT REACHES THE FIRY FURNACE.

GREAT DAMAGE HAS ALSO BEEN DONE TO THE EXAMINER AND CHRONICL BUILDING.

MINISTER IN DANGER

SHEDS ARE DESTROYED

MAYOR MOTT APPEALS TO THE PEOPLE

TO THE PEOPLE OF OAKLAND: THE EARTHQUAKE THIS MORNING VISITED UPON OUR CITY A GREAT CALAMITY, YET IT IS A SOURCE OF MUCH SATISFACTION THAT WE WERE SPARED FROM A CONFLAGRATION AND SERIOUS LOSS OF LIFE. THE OFFICIALS OF THE CITY HAVE THE SITUATION WELL IN HAND, BUT I DESIRE TO APPEAL TO THE PEOPLE TO CO-OPERATE WITH THE AUTHORITIES IN MAINTAINING PEACE AND ORDER.

AS MANY BUILDINGS ARE IN AN UNSAFE CONDITION THE PUBLIC ARE ADMONISHED TO KEEP OFF THE STREETS, AND PARTICULARLY WARNED AGAINST CONGREGATING IN GROUPS. IT IS ALSO VERY ESSENTIAL THAT PRECAUTION BE USED IN THE BUILDING OF FIRES UNTIL THE CHIMNEYS HAVE BEEN INSPECTED AND REPAIRED. THOSE WHO HAVE NOT EITHER GAS OR OIL STOVES ARE ADVISED THAT DANGER MAY BE AVOIDED BY MOVING THEIR STOVES OUT OF DOORS.

FRANK K. MOTT, MAYOR.

有關1906年舊金山大地震的報導。

馬德里地震在今天重演，後果可能是災難性的。

1906年舊金山大地震和大火

舊金山在1776年剛建立時還只是一個小鎮，直到1848年在加州發現金礦後，一切才開始改變。舊金山成為淘金者的供給站，從而迅速發展起來。到1906年，舊金山已成為美國的主要城市之一，擁有50萬人口。

加州有許多斷層，而舊金山的位置恰與其中好幾條斷層距離比較近，其中包括聖安地列斯斷層，因此舊金山容易發生地震。1838年和1868年舊金山相繼發生過地震，但沒有人料到1906年春天會有一場災難降臨。

4月18日凌晨5點12分，沿著聖安地列斯斷層的岩石發生斷裂，這裡距離舊金山只有16公里。伴隨著巨大的響聲，地面震動了約一分鐘，建築物不停地搖晃。

「你見過狗如何戲弄老鼠嗎？」地震中的倖存者華倫·歐尼後來寫道：「我們被使勁地搖晃，就像狗嘴裡叼著的老鼠。我們的

直擊大地震

「一旦感覺到房子在搖晃，我就馬上跳下床奔向前門。我覺得房子很可能會在我跑出去之前倒塌。它劇烈地晃動著，像是巨浪滔天的海面上掙扎著的一艘小船。人們奔到大街上，悲傷著、呻吟著、啜泣著、哭號著、祈禱著。一波又一波的震動相繼而來，彷彿這顆古老地球的心都碎了，正在劇烈地抽搐著。」

艾克莎·阿特金斯·坎貝爾，在一封信中如此描述舊金山大地震。

大地之母似乎想把我們從她臉上甩掉。」而地震時一名正在巡邏的員警說：「我們踩著的地面忽然像陀螺一樣旋轉起來，一會兒轉向這邊，一會兒轉向那邊，一會兒向上，一會兒向下，轉向各個方向。」

短短15分鐘內，舊金山市區就有十幾處大火熊熊燃起。大火整整燃燒了三天，160公里外海上航行的船隻都能看見紅光閃耀的濃煙。

地震和大火破壞了舊金山市的許多地區。一半的居民失去家園，很多倖存者逃離舊金山，並且再也沒有回來，因此人們無法統計確切的傷亡數字。儘管舊金山大地震和大火的罹難人數經常被聲稱為七百人，但一些歷史學家堅持認為有三千多人在這次災難中喪生。

1923年日本大地震

日本由於地處歐亞板塊的邊緣地帶，並且靠近歐亞板塊和太平洋板塊的交界處，因此發生過很多次地震。日本甚至被稱作「世界地震工廠」。1923年9月1日，離正午還差兩分鐘的時候，一場劇烈的地震降臨在日本的相模灣地區，東京和橫濱都

1923年日本大地震，東京燃起大火，倖存者聚集在東京上野公園。

離這裡不遠。

地震發生時，很多人正在家裡做午飯。當東京和橫濱的房屋倒塌時，房內的爐灶也被打翻了。大火燃起後迅速蔓延，自己產生了風，形成了火災旋風。在東京，4萬多名居民聚集在軍用被服廠的廣場上避難。附近的建築物著火後，形成火災旋風，如颶風般襲向人群，移動速度達每小時240公里。僅在這個廣場，就有至少3.8萬人喪生。

更糟糕的是，地震改變了相模灣地區

的地表，一些地方升高，而另一些地方下陷。海灣地區的陸地運動引發了9公尺多高的海嘯，淹沒了日本的很多城市和鄉鎮。

大火、建築倒塌和海嘯奪走了15萬人的生命。在1923年大地震中，東京市大約一半的地方和幾乎整個橫濱市都被摧毀了。由於東京的電話電報線路大面積損壞，這裡的人們轉而使用一種特別的通訊方式——飛鴿傳信。地震後的一周內，東京放飛了4百隻受過特訓的信鴿為人們傳遞訊息。

1970年祕魯地震、雪崩及山崩

1970年5月31日下午3點23分，南美洲國家祕魯發生了地震。祕魯沿海的安卡什省遭受重創。在瓦拉斯市，死於倒塌建築物的

直擊山崩

「我聽到瓦斯卡蘭山上傳來一聲巨響，看上去好像許多岩石和冰都開始鬆動了。我的第一反應是往墓地山的高處 跑，墓 地山離我 站的地方有150～20 0公尺遠。我剛剛跑到接近山頂的較高位置，從瓦斯卡蘭山沖下來的碎石流就到達了墓地山的山下，距我離開山底大概只有十秒鐘。

就在這時，我看到下方幾公尺處有個男人，抱著兩個很小的孩子。

碎石流捲走他的一瞬，他奮力把兩個孩子拋向山頂安全的地方，可他自己很快被沖走，再也看不到了。」

馬特奧．卡薩弗迪，祕魯科學家，瓦斯卡蘭山發生雪崩和山崩時正在永蓋市。

聖薩爾瓦多發生的一次芮氏規模7.6地震引發了一場毀滅性的山崩。

人數就多達2萬。同樣位於這片地區的欽博特和其他城鎮也嚴重受損，甚至被摧毀。

這次地震的震源位於太平洋海底以下很深的地方，距祕魯海岸24公里。由於震源位置很深，地震並沒有對海床造成擾動，所以沒有引起大的海嘯。儘管這次地震沒有從大洋深處引發海嘯，但卻在祕魯的高山地區引發了其他致命的災難。

瓦斯卡蘭山高6768米，是祕魯的最高峰。地震使得山體的一部分鬆動，引發了一場雪崩加山崩的災難。幾百萬噸的雪、冰、石頭和泥土沿著山坡洶湧而下，時速有時超過240公里。在永蓋市，2萬人被活埋，而其他地方的村莊和農場也被寬達800公尺的碎石流夷平，就像被一輛巨型推土機輾過一般。當這場災難終於結束的時候，地震和伴隨而來的山崩及雪崩已經造成近8萬人死亡，近100萬人無家可歸。這是迄今美洲發生過傷亡最慘重的自然災害。

1976年唐山大地震

作為世界上人口最多的國家，中國曾經歷過不少極為嚴重的自然災害，包括洪水、饑荒和地震。中國歷史上已知死亡人數最多的地震發生在1556年（明嘉靖三十四年）今日陝西省華縣附近，造成約83萬人罹難。420年之後的1976年7月28日早晨，又一次造成巨大傷亡的地震降臨在中國。

有目擊者後來回憶說，在大地震前的幾小時裡，曾經有光束照亮了天空。這種光被稱為地震光，偶爾在地震前人們會看到地震光，但其成因還不清楚。之後到了淩晨3點42分，河北省內的上百萬人被一聲巨響驚醒。大地在這次芮氏規模7.8的地震中劇烈地搖晃著，當時天還下著雨。這次地震的震央位於唐山市。唐山是一座以煤礦業為主的城市，人口稠密，約有100萬居民。

一名倖存者後來這樣描述道，建築物簡直像「用紙糊的」一樣坍塌速度很快。另一名倖存者說，當地震來臨時她以為自己住的大樓「被核彈擊中了」。地下的採煤作業通道坍塌，把很多上夜班的礦工埋在礦井內。煤礦崩塌在地面形成的大坑，吞噬了一輛火車和一家醫院。

在這次地震中，北京和天津都遭到了破壞。附近的郊區水壩倒塌，鐵路被毀，樹

儘管不少人聲稱在大地震之前或之後見過地震光，但極少有拍攝到地震光的照片。科學家們正在研究地震光現象，作為可能的地震先兆之一。這張照片是在中國拍攝的。

木被連根拔起。

第一次地震剛過後15個小時，另一次強烈的地震再度發生。幸運的是，大多數從第一次地震中倖存的人們都露宿在田地裡或大街上，安全避開了再次倒塌的建築物。

據官方統計，1976年7月28日的唐山大地震中，約有24萬人罹難。但對於這樣巨大的災難，想要準確統計死亡人數是很困難的。

只是時間問題

地震預警和準備

地質學家正戴著特製的3D眼鏡觀察地下的岩石層。地質學家用探測器釋放能量製造迷你地震，同時探測器傳回岩石層的畫面，畫面中不同的顏色代表不同的岩層。

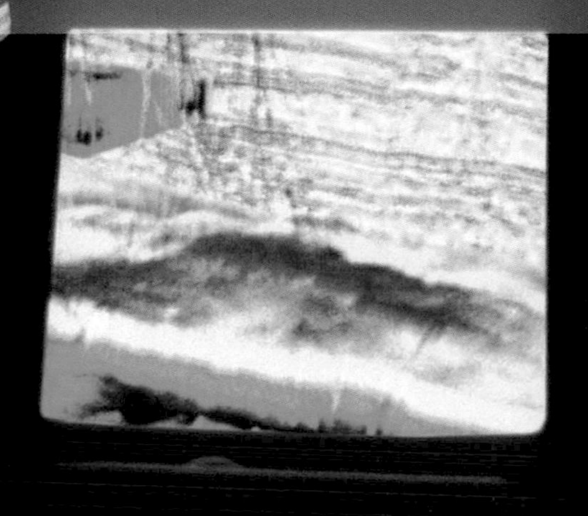

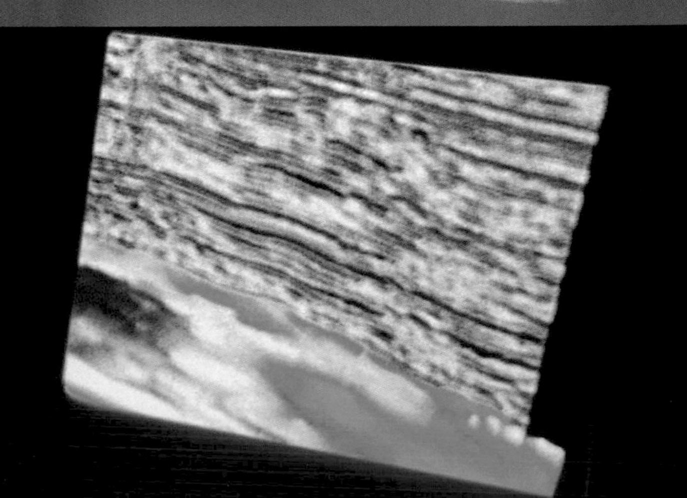

如果我們事先知道地震發生的時間和地點，那麼許多生命就可以倖免於難。地震學家已經成功預測了一些發生在美國、希臘和其他國家的地震，其中最成功的一次是在1975年的中國。那年的2月初，中國的科學家們預測到遼寧省海城附近將發生大地震。預警通過電臺進行了廣播，敦促人們離開家，到空曠的地方暫避，大多數人都聽從了建議。正如預測的那樣，2月4日當地果然發生了大地震，海城內幾乎所有的建築都被破壞或摧毀。如果人們事先沒有得到預警的話，估計10萬人可能會喪生，但因為有震前預警，所以造成的傷亡非常小。

地震學家有幾種工具可以幫助預測地震，其中最有價值的是地震儀，它可用來探測地震。有些地震在發生前都會先有小地震

2005年12月巴基斯坦發生地震，倖存者走過已經破損的橋前往領取物資。

「……相當於把世界上所有核武器集合起來在海底一次引爆。」

赫爾曼・M.弗里茨博士，描述印度洋芮氏規模9.3大地震的強度。

出現，這些小地震被稱為前震。如果某個地區的地震儀記錄到許多小地震，可能說明一次更大的地震即將來臨。

儘管地球上的大多數斷層都埋在地下，不過有一些斷層的部分可以在地面上看到，例如美國加州的聖安地列斯斷層。地震學家把應變儀放在斷層附近，以測量這些大地裂痕附近的岩石活動。如果應變儀顯示斷層處的岩石正承受很大的壓力，就說明這些岩石有可能快要崩裂，並引發地震。

另一件儀器是傾斜儀，它可用來檢測地面坡度或傾斜程度的細微變化。斷層附近的斜度如果發生變化，很可能意味著地下的岩石正在移動，並可能即將崩裂。

地震發生之前，地球自身似乎也會發出帶有徵兆的訊號。地球會產生電訊號，一些科學家利用地震前這些自然電訊號的變化，已經成功預測了一些地震；另外，地震發生前大地的磁場和重力也可能會發生變化。

在地震到來之前，井裡的水也會出現異常。由於岩石的移動會使液體受到的壓力發生改變，所以地震前井水的水位可能會改變；地下岩石斷裂時，會有泥土掉到井水裏，使井水變渾濁；井水中的放射性元素氡氣的含量通常也會升高。

動物似乎也能感受到即將到來的地震。有上百例報告指出，地震之前狗、貓、鳥、蟑螂和老鼠行為變得異常。1906年舊金山大地震的前夜，當地的馬變得非常不安。1964年阿拉斯加大地震的前一天，科迪亞克棕熊提前幾個星期從冬眠中醒來。

1975年中國出現了各種各樣的徵兆，警示科學家們將有大地震發生。大地震前的幾天，地震儀探測到了許多前震。井水變渾濁，並且水中氡氣的含量升高。大地的坡度、電場和磁場都發生了變化。牲畜和寵物行為怪異。綜合以上所有線索，科學家認為即將發生地震，也就是後來的遼寧海城大地震。但時隔僅一年，河北省發生了唐山大地震，這次地震幾乎令所有人都猝不及防。24萬人在這次地震中喪生。

「沒有人知道我們最終能不能可靠穩定地預測地震，」地震學家麗莎·沃爾德說：「不同地方的地震完全不同。我們無法憑藉像井水和動物行為異常這樣的線索來

一名科學家正在美國華盛頓州的聖海倫山上安裝全球定位系統（GPS）。2004年9月，這裡發生了一次群震，每分鐘發生一次芮氏規模2.5及以上的地震。遠處是亞當斯火山。

穩定地預測地震。有時這些現象出現了，卻沒有發生地震。有時一點這種苗頭也沒有，地震卻發生了。」

地震最可靠的徵兆之一是前震，前提是它們確實在地震前出現。但前震也不是理想的預測線索。「在那些極具破壞性的大地震中，只有約一半在發生前出現過這種小地震，即前震。」露西．瓊斯博士如此說道。而且很多時候科學家難以辨別這些小地震到底是大地震的前震，還是就只是小型地震。

學者依然在尋找新的方法，提升地震預測的準確率。例如一些中國科學家正在研究蛇類的震前行為，他們相信這種動物在地震前五天就會出現異常行為。麗莎·沃爾德指出：「或許比預測地震更重要的是，如何在地震中撐住並活下來。要做到這一點，我們必須為地震的到來做好準備。」

將地震造成的傷亡和破壞降到最低

1946年阿拉斯加發生地震時，掀起的巨浪導致3700公里外的夏威夷159人喪生。美國隨後建立了一個太平洋海嘯預警系統，總部設在夏威夷。1964年發生在阿拉斯加的大地震和海嘯，又催生了另一個預警中心，設在阿拉斯加州的帕默。兩個中心的資訊來源是遍布全球的地震監測站和太平洋裡的幾十個海浪觀測站。每當有地震發生，預警中心會在半小時內發出海嘯警報，告知有可能發生海嘯。

如果預警系統檢測到確實有海嘯出現，預警中心就會發布海嘯警報，告知人們巨浪將於何時抵達何地。太平洋海嘯預警系統可以提醒人們注意正在逼近美國沿海地區、環太平洋地區和加勒比海地區的海嘯，在未來可能拯救數千條生命。

還有一些其他方法可以讓地震造成的傷亡和破壞降到最低。地震學家常說：「地震不會殺人，建築物才會殺人。」在地震好發區，使用抗震性能最好的材料來建造居民樓和其他建築物，就顯得至關重要。

例如，鋼材、鋼筋混凝土和木材都是很好的建築材料，因為它們具有一定彈性，不會輕易折斷。全部用磚石建造的住宅並不安全，因為這種房屋很容易崩解。高建築物應該固定在堅硬的石質地層裡，所有建築物都應該有堅實的地基。不適宜建造房屋的危險地點包括陡坡、較陡的河岸，以及其他容易發生滑坡的地方。

瓊斯博士說：「在保護人們免受地震

美國國家海洋和大氣管理局（NOAA）的工作人員登上漂浮科學試驗台，把一個海嘯浮標放入水中以測量海水水位上漲程度。當地震引發海嘯時，這些浮標會向太平洋海嘯預警中心發出警報。

TSUNAMI

直擊地震

「我們正開著車跑在海灣大橋的下層，聊著盤旋在燭臺公園上空的固特異充氣飛艇，這時大橋忽然開始搖晃起來，」雷·昂格森回憶道：「大橋頂部開始掉落，一大塊東西掉到了我們這一層橋面，落在前方五六個車長的地方。人們陷入一片驚慌，有人從車窗裡爬出來，有人在大哭，還有人在祈禱。沒人知道一會兒還會有什麼東西砸下來。從橋上望過去，可以看見舊金山的一些地方已經燃起大火。」地震發生時，約翰·克雷頓船長正駕駛著那艘固特異飛艇，飛行在燭臺公園上方300公尺的空中，為美國職棒聯盟總決賽的空中拍攝做準備，他說：「我們看到一些像煙的東西，從燭臺球場西邊的一座小山處升起來。剛開始我們以為只是發生了岩石崩塌，但接下來我們就看到下方有許多變壓器爆炸。太陽落山後，整座城市一片漆黑，我們拍攝到了第一手的空中圖片，也是唯一的。我們本來是要在空中直播3個半小時的美國職業棒球總決賽，結果卻在後面的13個小時裡記錄著地震後的情景。」

1989年10月17日下午5點04分，洛瑪普里埃塔地震發生了，此時**雷·昂格森**正跟人併車行駛在下班回家的路上。固特異飛艇的電視直播為救援提供了便利，使奧克蘭和舊金山市的員警、消防員及其他救援部門能夠協同合作進行震後救援。1989年的美國職棒聯盟總決賽後來也被人稱為「地震中的總決賽」。恢復比賽後，**克雷頓**船長又繼續駕著飛艇進行球賽轉播。

這一段破損的海灣大橋靠近加州奧克蘭市，距離位於聖克魯斯山的震央約96公里。

1989年美國洛瑪普里埃塔地震後，搜救人員和搜救犬正在加州的聖克魯斯購物中心展開營救工作，尋找一家坍塌的百貨公司廢墟裡是否有倖存者。聖克魯斯距離震央約16公里。

傷害這項工作中，美國所做的最重要的一件事情，就是建立了建築規範。我們有法規明確禁止人們建造容易在大地震中倒塌的建築物。」

只要有地球，就一定會有地震。只要為地震的來臨做好準備，並掌握更多關於地震可能何時何地發生的資訊，我們就能夠減少自然災難所帶來的傷害。

2003年12月26日，伊朗的巴姆發生地震，造成至少2.6萬人死亡，6萬人在嚴寒中無家可歸。大地震發生在早上5點28分，房屋坍塌時很多人還在睡夢中。圖中的相框被埋在一座房子的廢墟中。

「人類文明只能在地質力量的首肯下苟活，而
且條件改變時不會預先通知。」
——歷史學家 威爾・杜蘭特

台灣地震知多少

台灣有幾條活斷層？

「地牛翻身」是古時台灣民間對地震的說法。台灣位於歐亞板塊與菲律賓海板塊的交界處，地震次數頻繁，每年平均約有18500次的大小地震。地震通常是由活動斷層地移動造成，所以要了解台灣的地震，就得先認識台灣的活動斷層。

台灣對於「活動斷層」的定義是過去十萬年內曾活動，未來可能再度活動的斷層。根據經濟部中央地質調查所（簡稱「地調所」）最新公布的資料，全台灣共有33條活動斷層（見右頁圖），主要分布在台灣北

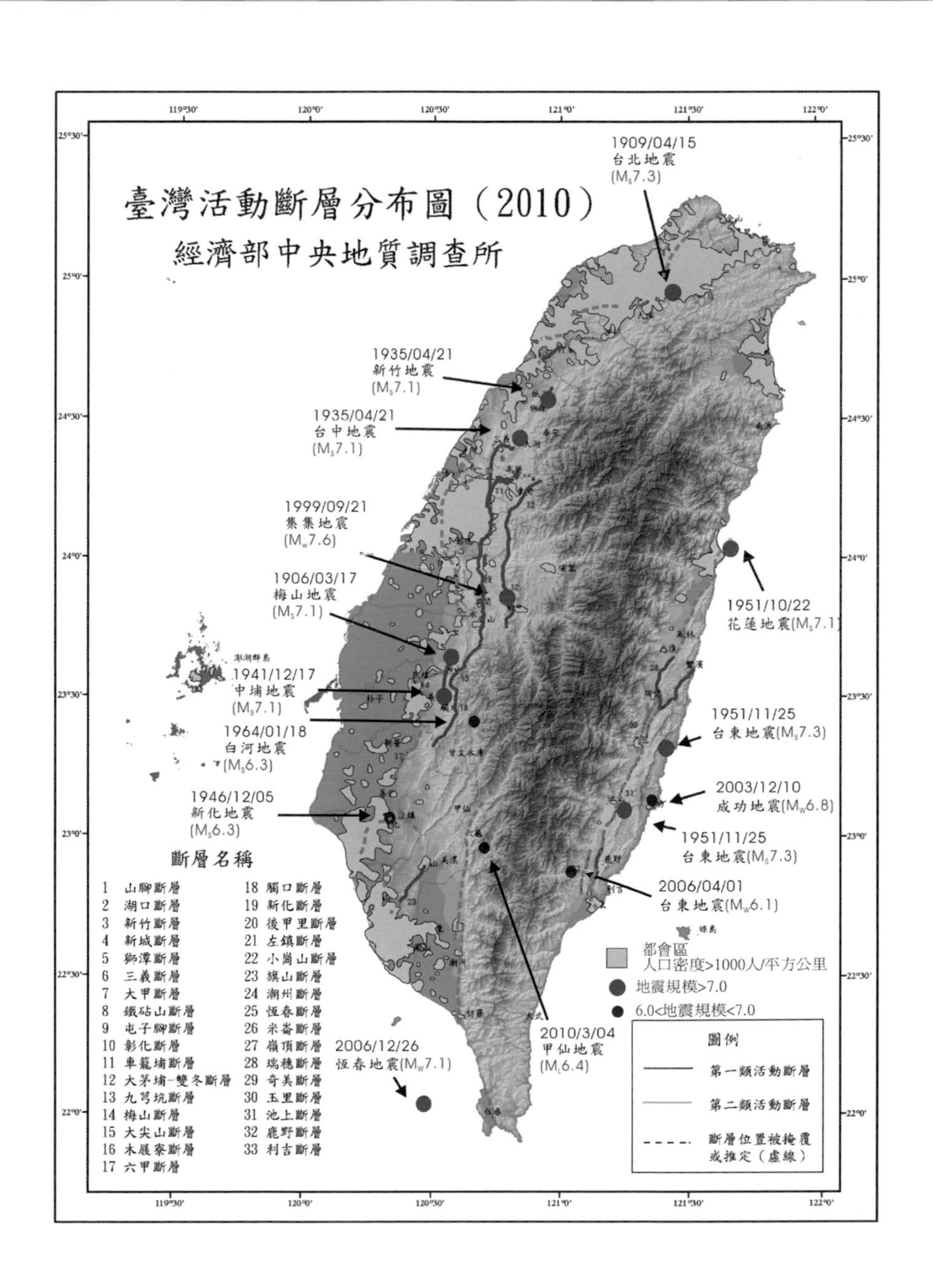

臺灣活動斷層分布圖（2010）
經濟部中央地質調查所
1909/04/15
台北地震
(M_S7.3)
1935/04/21
新竹地震
(M_S7.1)
1935/04/21
台中地震
(M_S7.1)
1999/09/21
集集地震
(M_W7.6)
1906/03/17
梅山地震
(M_S7.1)
1941/12/17
中埔地震
(M_S7.1)
1964/01/18
白河地震
(M_S6.3)
1946/12/05
新化地震
(M_S6.3)
1951/10/22
花蓮地震(M_S7.1)
1951/11/25
台東地震(M_S7.3)
2003/12/10
成功地震(M_W6.8)
1951/11/25
台東地震(M_S7.3)
2006/04/01
台東地震(M_W6.1)
2010/3/04
甲仙地震
(M_L6.4)
2006/12/26
恆春地震(M_W7.1)
斷層名稱
1 山腳斷層
2 湖口斷層
3 新竹斷層
4 新城斷層
5 獅潭斷層
6 三義斷層
7 大甲斷層
8 鐵砧山斷層
9 屯子腳斷層
10 彰化斷層
11 車籠埔斷層
12 大茅埔-雙冬斷層
13 九芎坑斷層
14 梅山斷層
15 大尖山斷層
16 木屐寮斷層
17 六甲斷層
18 觸口斷層
19 新化斷層
20 後甲里斷層
21 左鎮斷層
22 小崗山斷層
23 旗山斷層
24 潮州斷層
25 恆春斷層
26 米崙斷層
27 嶺頂斷層
28 瑞穗斷層
29 奇美斷層
30 玉里斷層
31 池上斷層
32 鹿野斷層
33 利吉斷層
部會區
人口密度>1000人/平方公里
地震規模>7.0
6.0<地震規模<7.0
圖例
第一類活動斷層
第二類活動斷層
斷層位置被掩覆或推定（虛線）

部、西部和花東縱谷的平原與山區的交界地帶。長年從事田野調查台灣活動斷層的台大地質系陳文山教授解釋說，地調所公布的活動斷層數字每年不一定一致，這是因為地質學家只能依據地表岩層的岩性、位態與地形來追蹤與研究斷層；但斷層經常植被或土壤覆蓋而不易被發現。因此，這些活動斷層會依據每年的探勘與研究而修正，有的會合併成為一條，有時會分開成為數條斷層，但斷層的分布位置大致是不變的。

然而，由於受限於目前的研究技術，海底的斷層，以及深埋地底的斷層（或稱為盲斷層）都不易利用鑽探或挖掘來進行研究，所以我們認為台灣活動斷層還有很多研究的空間。

地震中的求生祕訣

「伏地、遮擋、手抓牢」，這個口訣就是美國政府倡導的地震求生祕訣。具體方法是，當地震來臨時迅速鑽到桌子下面，並抓牢桌腳；如果附近沒有桌子，就蹲在地上，用手或者其他可以抓到的物品護住頭顱。

這個方法是美國政府在數次地震傷亡調查及各種防震實驗後得出的最佳的自救準則。當房屋倒塌時，躲在桌子下面可以避開建築物和其他家具的直接擠壓，從而避免受傷。而且，迅速伏地和遮擋可以避免被地震搖落的家具和碎玻璃襲擊。

如果地震發生時人正在床上，專家建議應該繼續待在床上，除非上方有容易掉落的燈具或物品，那時候應該立刻移動到安全的地方。

台灣因地理位置的緣故，終年與地震相伴，百年來，發生了多次死傷慘重的震災。誠如陳文山教授所言，研究斷層與地震最困難的，但也是終極的目標，就是預測地震。目前，世界各國的地震學家正嘗試各式各樣的方法，希望能找到科學的方法準確預知地震，來拯救無數生命；除了地質應力的研究外，還包括生物反應，如地震前蜜蜂對磁場的感應、蟾蜍對水中氣體的反應，甚至大氣中電離層電漿的變化等等。在找到預測地震的科學方法之前，我們只能從加強防震建築與個人防震準備著手，將地震帶來的災害降到最低。

災難心理援助

從災難發生到災後，當事人會經歷一系列的心理和生理反應，這些反應的強度和類別要因人而異。一些研究顯示，隨著災難的發生，當事人的情緒會經歷幾個截然不同的階段。

1. 受衝擊階段　災難發生的一剎那，很多人並不會感到害怕，有人甚至沒有任何情緒波動。此時，人的活動只是下意識地保護自己和家人的生命安全。

2. 整理階段　生還者在評估自己的損失後，立即開始搜索其餘的倖存者。此時，人們會自發地組成搜索、營救以及緊急醫療救助等應急救援組織。

3. 營救階段　救援小組開始指揮營救工作，此時，生還者對於救助人員均報以絕對信任，並且會無條件服從，跟從他們迅速地聚集在安全地帶，因此，救援人員最好穿著標誌醒目的衣服，以便生還者迅速找到他們。

4. 恢復階段　此時，有些人可能會抱怨救援工作進展得不夠迅速，甚至聯合起來抵制救援人員，這種反應可能和倖存者接下來要面臨尋找臨時住所、與保險公司交涉賠付等問題引發的緊張情緒有關。

面對如此大的衝擊，在災難發生後，儘快讓我們回復日常的生活狀態是最重要的。以下就是一些簡便的方法可以進行自我緩解。

1）要保證睡眠與休息，如果睡眠不好，可以做一些放鬆和鍛煉的活動；保證基本飲食，食物和營養是戰勝疾病創傷和康復的保證；與家人和朋友聚在一起，有任何的需要，一定要向親友及相關人員表達。

2）不要隱藏感覺，試著把心裏的想法說出來，並且讓家人一同分擔悲痛；不要因為不好意思或忌諱，而逃避和別人談論自己的痛苦；不要阻止親友對傷痛的訴說，讓他們說出自己的痛苦，是幫助他們減輕痛苦的重要途徑之一；不要勉強自己和他人去遺忘痛苦，傷痛會停留一段時間，是正常的現象，更好的方式是與朋友和家人一起去分擔痛苦。

災後心緩解，自我調節最重要，家人或朋友的幫助也是不可或缺。儘量採取正確的方式，來舒緩心裏的壓力和痛苦，積極面對未來的生活。

準備好了嗎？

針對地震可能造成的傷害，美國聯邦應急管理局列出了一系列針對普通民眾的地震預防措施。這些注意事項看似很簡單，但在地震中對於我們的生命安全都是至關重要的。

1. 檢查家中家具、吊燈是否牢固，並將笨重和易碎物品妥善放置，以防地震來臨跌落砸傷家人；檢查家裡的電線是否老化，插座是否正常工作，以防漏電；將酒、殺蟲劑等易燃易爆物品放在密閉的櫃子中，以防引起火災。

2. 儲備逃生應急物品，這些物品應該包括：容易儲存的乾糧和水、手電筒和電池、急救藥箱、常用藥品、現金和金融卡，耐髒並保暖的衣服和鞋子。這些應急物品最好裝在一個容易攜帶的背包裡，並放置於隨時可以拿到的位置。

3. 家庭應該定期進行地震自救訓練，尤其有小孩的家庭，父母應該教育孩子如何抗震。此外，在特大地震中家人很容易在逃生中走散，而且特大地震後通信通常會出現故障，因此，家庭應事先制定緊急聯絡方式，如定好一個固定會面地點或緊急聯絡人，一旦度過危險時刻，就到指定地點相見。

「生命三角」不可信

在種種地震逃生方法中，2004 年開始流傳的「生命三角」一度甚囂塵上。道格‧庫普（Doug Copp）提出，地震後倒塌的建築物會對房屋中的家具形成推力，從而在牆體和家具之間形成一個空間，也就是「生命三角」，而且家具越堅固，「生命三角」就越大。如果人在地震來臨時迅速地躲到家具（桌子、冰箱、沙發）旁邊，而不是家具下面，就可以在這個三角區域逃過危險。

然而，「生命三角」很快被證明是一種並不科學的假說。因為在地震中房屋倒塌是完全沒有規律可依的，也就是說房頂可能平塌或 M 形向下彎折，牆體可能外倒或內倒，因此，即便躲在某個家具後面，也會因為不知道牆體的倒塌方向而站錯位置。而且，在地震中，家具很可能滑落到其他位置，那麼就更無法確定哪個位置是安全的。

包括美國地質調查局等單位的專家因此批評，「生命三角」的理論具有誤導性，同時也十分危險。統計資料表明，在地震中被掉落的物體砸中造成的傷亡遠大於房屋結構被破壞導致的死傷，因此遵從「生命三角」理論的人在尋找「安全」地點的過程當中，有可能將自己暴露在更大的危險當中。

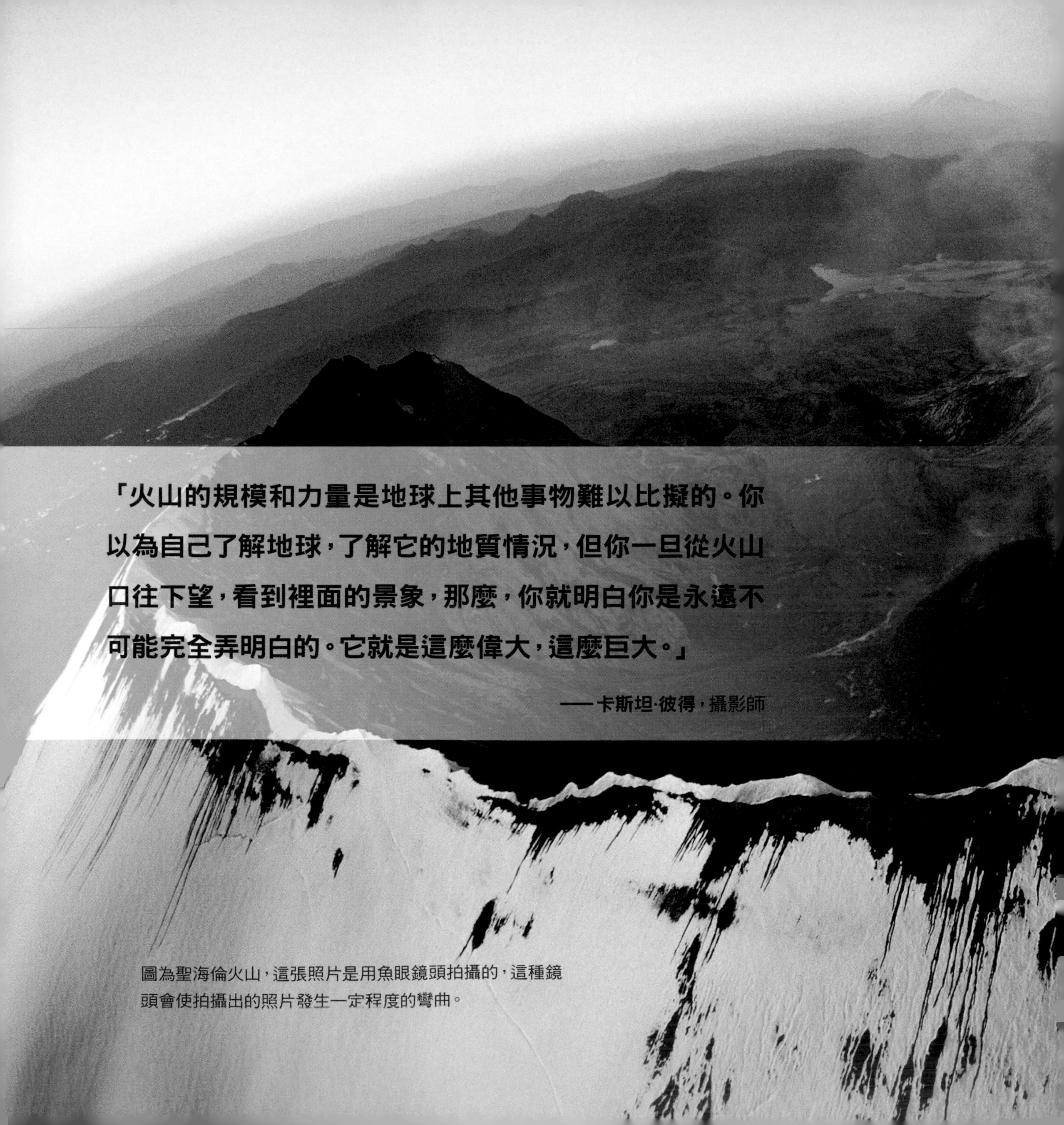

「火山的規模和力量是地球上其他事物難以比擬的。你以為自己了解地球，了解它的地質情況，但你一旦從火山口往下望，看到裡面的景象，那麼，你就明白你是永遠不可能完全弄明白的。它就是這麼偉大，這麼巨大。」

——卡斯坦·彼得，攝影師

圖為聖海倫火山，這張照片是用魚眼鏡頭拍攝的，這種鏡頭會使拍攝出的照片發生一定程度的彎曲。

第二章：火山

VOLCANOES

翻譯：陳　曦
審定：王執明

第一節

罕見的一幕

火山的誕生

帕里庫廷火山誕生還不到一周，就已經有40層樓那麼高了。

在1943年2月5日，第一次有跡象顯示，迪奧尼西歐·普利多的玉米田底下有些非同小可的東西動。迪奧尼西歐·普利多的玉米田位於墨西哥一個叫做帕里庫廷的小村莊外。2月5日，這個地區發生了幾次小地震。在接下來的兩個星期裡，地震的次數越來越頻繁，強度也越來越大。儘管如此，2月20日星期六，迪奧尼西歐還是像往常一樣來到自己的田裡幹活。

迪奧尼西歐雇了一個幫工和自己一同犁地，妻子寶拉和兒子則負責照看羊群。整整一天，地面不停地顫動。

下午4點半左右，伴隨著一聲雷鳴般的巨響，大地開裂了，玉米田裡出現了一條裂縫。不一會兒，濃煙和火紅的煙塵就從裂縫內的一個洞裡噴出來。離洞口約30公尺遠的地方有幾棵松樹，火花落在樹上，頃刻間樹木就熊熊燃燒起來。寶拉·普利多後來回憶說，當時空氣中彌漫著嗆人的「硫黃味」。親眼目睹這座火山的誕生過程之後，這四個人迅速逃到旁邊的帕里庫廷村。

「我當時感覺像打雷的聲音，旁邊的樹不停顫動。地面自己鼓起來了，然後煙和粉塵開始從一個洞裡噴出來，灰色的，像灰燼一樣。緊接著更多的煙開始冒出來，還伴隨著嘶嘶聲和呼嘯聲，那聲音很大，一直響著。」

迪奧尼西歐·普利多，描述著從他家玉米田裡迸出來的火山。這座火山座落在墨西哥，外觀如上面的素描圖所示。

到了下午5點，距新生火山約五公里的小鎮上，居民注意到遠處升起的黑雲。幾個人翻身上馬，直奔迪奧尼西歐的玉米田，想一探究竟。到了之後，他們被眼前的情景驚呆了，此時地面上的開口越來越大。有兩個人因為湊得太近，差點掉進裂口的洞中——這個洞其實就是新生火山的喉嚨。從裂口中噴出的火山灰燼和氣體令人難以

直擊帕里庫廷火山

早上出現了一個巨大的噴發柱，頻繁地噴射出強有力的火山彈，並出現閃電。從晚上9點到半夜，噴發柱因為反射出下麵熔岩流的顏色而呈現美麗的玫瑰粉色。

1945年1月22日：入夜之後情形十分可怕。熾熱耀眼的火山彈從火山口高速飛出，四處飛濺的火光像是形成了一面火扇。大一些飛得比較慢的火山彈還可輕易用肉眼分辨，小一些的看起來就像是一道道劃過的亮線。

以上記錄摘錄自美國人**威廉·福歇格**和墨西哥人**傑納羅·岡薩雷斯·雷納**的日誌，他們當時組成了一個兩人地質研究小組，一起研究帕裡庫廷火山。

1944年帕里庫廷火山的一次夜間噴發，熔岩在火山口上方爆炸，並沿著火山往下流。

墨西哥分佈著數十座火山，帕里庫廷火山就是其中之一。這幾十個火山中有不少噴發起來都異常劇烈。

呼吸，所以他們很快離開了。

這天晚上，新火山上空的景象在數公里外都可以看見。「只見火舌沖天，」住在附近的塞利迪尼奧·古鐵雷斯說道，「從裂口處噴出閃電，照亮滾滾的濃煙。」

第二天早上，迪奧尼西歐·普利多回來看看自己的玉米田變成了什麼樣子。結果他發現在那個洞的周圍，火山灰和石頭堆成了一座約9公尺高的小山丘。同一天，熔岩開始從火山裡流出來。這種熾熱的熔岩起初流速非常緩慢，以每小時4.5公尺的速度漫流過玉米田。

科學家們很快趕來，觀測這個以附近小鎮命名的新生火山。墨西哥著名的地質學家伊齊基爾·奧東耐茲是第一位到達現場的科學家，他記錄道：

「我於2月22日晚抵達，很快我就知道自己目睹的是極少數人有幸得見的一幕——這是一座新生火山的初期階段。耳邊充斥著巨大的爆炸聲，腳下感覺到大地的顫動，一道很強的水蒸氣柱挾著無數熾熱閃光的石頭，從一個小山丘的中心持續噴出與堆高。

同一天晚上，我發現山丘的斜坡上有一處閃著紅光。我盡可能接近觀察，發現紅光來自於一股正流過玉米田的大熔岩流的前端。天上不斷有火山彈落下，我在避開落石的同時，盡可能靠近形成的山丘，繞著它仔細觀察。從另外一座山丘的山頂可以看到火山口的內部，熔岩從三個噴發口中流出，並不斷冒起巨大的泡泡，翻滾如噴泉。這些紅色的熔岩流照亮了火山口的內壁，景象十分壯觀。」

帕里庫廷火山誕生後一周，高度已達高達122公尺，約相當於40層的高樓，並且火山每隔幾秒就把地球內部的物質拋向800公尺高的空中。曼紐爾·科雷亞當時14歲，他家距離帕里庫廷火山193公里，卻依然可以聽到那巨大的噴發聲。「那聲音聽起來像是遠處在打雷。」科雷亞先生回憶道，他還記得在距帕里庫廷火山322公里的墨西哥城，「火山灰不斷落下，使得天空都變暗了。」

到了1943年6月中，距這座火山誕生已將近4個月，火山冒出的熔岩開始以24公尺的時速流向帕里庫廷村。在墨西哥政府及軍隊的幫助下，全村包括迪奧尼西歐一家在內的800名居民被疏散。他們在離帕里庫廷村32公里外重建新的村莊，而帕里庫廷村最終被火山灰和熔岩掩埋了。

一小批科學家留下來研究帕里庫廷火山，這座火山後來持續噴發了9年。科學家推測它每天可以噴射約110萬公噸的熔岩、火山渣、火山灰及其他火山物質。這些噴發物中的一部分會在火山周圍堆積起來，使火山持續成長。1944年2月20日，帕里庫廷火山一歲生日時，它已經高

這張照片攝於1997年，從迪奧尼西歐·普利多的玉米田裡鑽出來的帕里庫廷火山已高達424公尺。兩座小鎮被火山掩埋。最右邊的圖片是成長初期的帕里庫廷火山。

達335公尺，只比當時的世界第一高樓——381公尺的帝國大廈——矮46公尺。在最高的時候，帕里庫廷火山自原本普利多的玉米田，長高了610公尺。儘管帕里庫廷火山的噴發使該地區的牲畜、野生動物和林地遭受重創，但它僅造成3人死亡。火山噴發會形成電場，這種電場有時會引發閃電，帕里庫廷火山的3名罹難者就是被這種閃電擊中死亡的。

在活躍了9年之後，帕里庫廷火山慢慢歸於平靜。1952年2月25日，即它九歲生日過五天，是它最後一次猛烈噴發。到1952年3月4日，所有噴發都停止了。從那時起到現在的60年間，帕里庫廷火山再也沒有噴發過。

「我覺得腳越來越燙，意識到鞋底已經開始熔化了，所以趕快往回走。」

業餘地質學家鮑勃·弗羅因德於2002年拜訪帕里庫廷火山時發現，由於地下有熱源，即使距火山最後一次噴發已很久，火山及周圍區域仍可維持著很高的地面溫度。

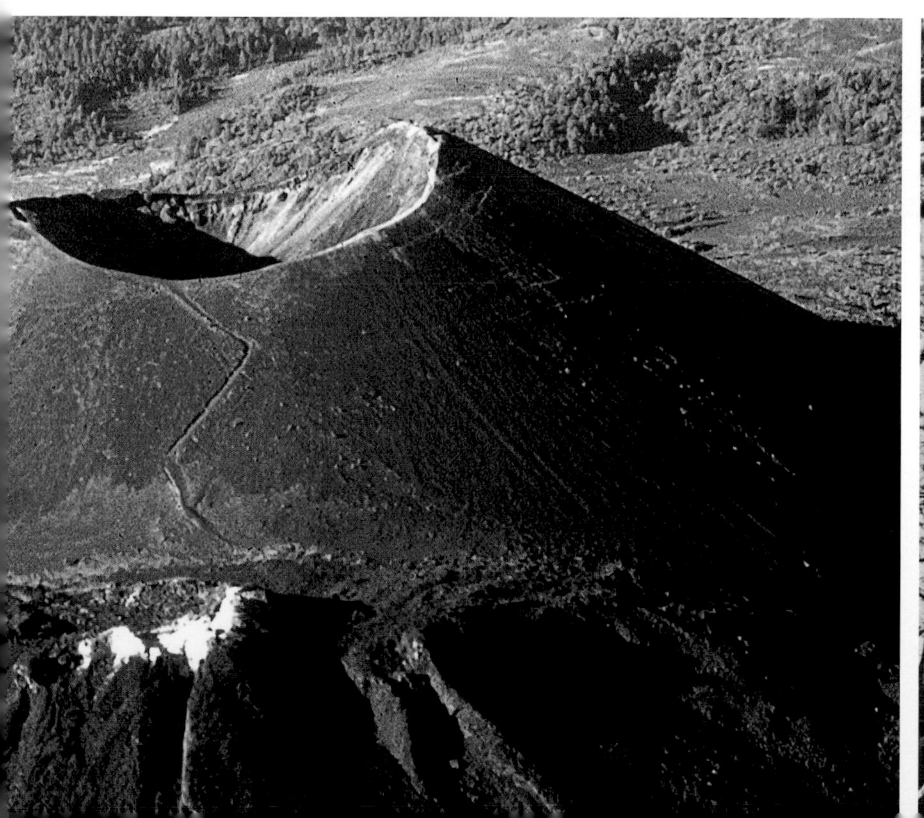

世界上最大的爆竹

火山裡蘊藏的科學

沉睡了400多年之後，哥斯大黎加的阿雷納火山在1968年劇烈噴發。這次噴發造成87人死亡，掩埋了三座村莊。近來這個火山開始有規律地噴發，壯麗的景觀吸引了來自世界各地的遊客。

天的義大利曾是古羅馬人居住的地方，古羅馬人認為火山噴發是由掌管火和金屬製品的神武爾坎（Vulcan）造成的。相傳武爾坎在一座名叫武爾卡諾的大山底下鍛造武器，這座山就位於義大利一座離島上。每當義大利的某座火山開始隆隆作響時，古羅馬人就會說：「看，武爾坎又在加緊打造武器和鎧甲了；」當火山劇烈噴發時，他們會為認那是武爾坎生氣了。

英文中「火山」（volcano）一詞就來源於武爾坎的名字，相應的衍生詞還有火山學（volcanology——研究火山的學科）和火山學家（volcanologist——研究火山學的科學家）。地質學家會研究岩石、山體和地球其他方面，火山也在其研究範圍內。

「二氧化硫（火山噴發出的氣體）混合著從天而降的毛毛細雨形成了硫酸雨。硫酸雨的腐蝕性很強，幾天之內就會讓我的金屬眼鏡框鏽到一碰就碎。」

作家**多諾萬·韋伯斯特**，在一次前往南太平洋安布里姆島的旅行中描述道。

火山的結構

大多數火山的源頭都位於地表下方約100公里或更深的地方，那裡的溫度高達攝氏1400度，而且壓力極大，使得部分岩石熔化，成為**岩漿**。大多數岩漿都待在地下深處，但有些比周圍的岩石輕，並且包含大量氣體，會慢慢抬升，愈來愈接近地面。這些上升的岩漿會在離地面幾公尺的地方聚集，形成一個**岩漿庫**。如果壓力足夠大，岩漿就會衝破周圍的岩石，形成開口，或者從之前噴發的開口直接噴出。不論是哪種情形，岩漿都會衝出地表，有時爆發得異常劇烈，如同爆炸一般。

火山噴發剖面圖
火山灰雲
火山彈
火山口
熔岩
噴發口
岩漿
岩漿庫

圖為夏威夷的啟勞亞火山，耀眼的熔岩緩緩流下。啟勞亞火山是世界上最活躍的火山，也是夏威夷神話中火神培拉的住處。

岩漿噴發的出口叫做**噴發口**。噴出的物質會在噴發口處堆積並形成山丘，這就是火山。

從火山噴射出的、流到地面上的岩漿被稱為熔岩。熔岩熾熱無比，通常溫度約攝氏1,100度，這樣的高溫足以使純金熔化。

熔岩可以使建築物和森林起火，不過所幸它流動速度通常很慢，人們可以在其到達之前逃脫。以帕里庫廷火山為例，它的熔岩流速從每天幾公尺到每小時約900公尺不等。在極為罕見的情況下，某些快速流動的熔岩流速能達到時速約70公里，碰到這種情況人們就得迅速離開才能確保安全。

1980年聖海倫火山爆噴，噴出的火山灰把這輛車都埋起來了。

1：火山灰由玻璃和岩石顆粒組成，顆粒比大頭針的針頭還要小。火山灰和木頭焚燒後的灰完全不同，火山灰十分堅硬並且不溶於水。

2：這些火山彈是冒納凱阿火山在一次爆發中噴射出來的。曾有日本火山在噴發時，將大象那麼大的火山彈噴到600公尺高的空中。

火山帶來的死亡與破壞

「火山就像是世界上最大的爆竹，」美國地質調查局（USGS）的火山學家詹姆斯·奎克博士說道，「它們能釋放出驚人的巨大能量——以1980年聖海倫火山的那次噴發為例，釋放的能量足有一顆大核彈爆炸那麼大。」

火山爆發的兩大致命因素都是看不見摸不著的。火山噴發時釋放的氣體，致使人和動物中毒和缺氧而死。這些氣體包括二氧化硫、二氧化碳、氯化氫和硫化氫。另一個隱形殺手則是噴發帶來的強烈熱浪，這些熱浪幾乎能破壞它所經過的任何物體。

火山噴發出的很多物質高溫且堅硬，會造成傷亡和破壞。這些物質中顆粒最小要數**火山塵**，它們很輕，可以一直上升到大氣層，然後繞行地球一周以後才降落地面。**火山灰**是由滾燙的石頭碎屑組成的，碎屑的直徑不超過5公分；然而就是這些小碎屑不知埋葬了多少生命，掩埋了多少城市。**火山渣**是指直徑最大約2.5公分的碎片，而**火山彈**就是大石塊了。帕里庫廷火山噴射的火山彈中，有些單片的重量甚至超過90公噸。

有時火山爆發會產生**火山碎屑流**。火山碎屑流是高溫氣體和石頭碎屑的混合體，沿火山向下奔騰，最高時速可達160公里。「火山碎屑流是火山現象中最致命的」，地質學家凱爾文·羅多夫解釋道，「它們的溫度極高，有時可達攝氏600度。只要呼吸到一口，就會馬上斃命。」

火山泥流也很危險，泥流為石頭碎片和水的混合物，在火山山坡上形成後便會快速流下。建築物、橋樑和人都可能被火山泥流碾碎或沖走。

在海裡或沿海發生的火山爆發和地震有時會引發海嘯，這些海浪在海面上的推進速度可達每小時幾百公里。當海嘯靠近海岸時，能夠掀起15公尺以上的水牆，淹沒並捲走岸上的人和建築物。

「走在新形成的火山灰上，感覺就像踩在新落的細雪上。」

卡洛琳·德里傑，火山學家

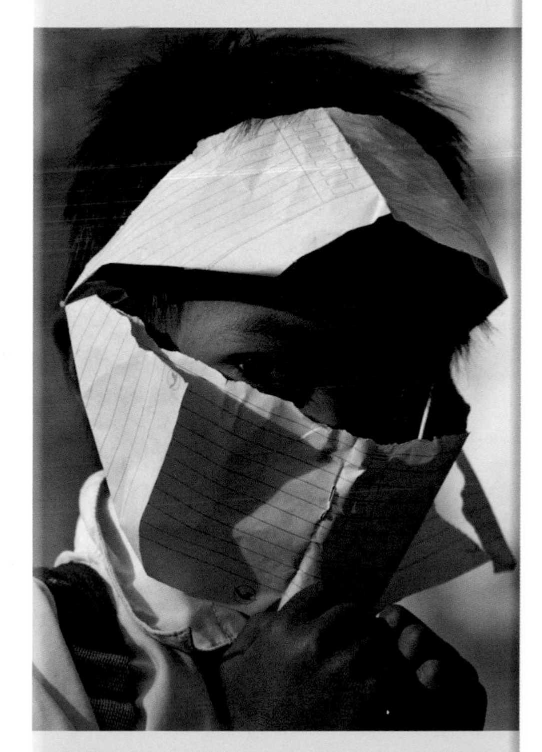

圖為2006年麥拉匹火山噴發後，一個印尼男孩保護自己的方式，以免受到掉落的火山灰侵害。

火山的多樣性

不同的噴發方式會造就不同種類的火山。**盾狀火山**坡度緩和，主要是由流動的熔岩形成的。世界上最大的火山——夏威夷的冒納羅亞火山——就是一座盾狀火山。太陽系中已知最大的火山，即火星上的奧林帕斯山，也是盾狀火山。奧林帕斯山高約2萬6000公尺，是地球上最高峰珠穆朗瑪峰的三倍多。另一種火山是**火山渣錐**，是由噴發出的火山灰、火山渣及其他岩石質地的物質堆成的圓錐狀火山，帕里庫廷火山就屬於這種火山。**成層火山**，也叫複式火山，它們坡度較陡，由岩石碎片和熔岩構成，美國華盛頓州的聖海倫火山和日本的富士山都是複式火山。

直擊聖海倫火山

「雲團離我們越來越近，就像長了臂膀一樣。」布魯斯後來這樣回憶道。一開始他和蘇的帳篷周圍的樹被狂風吹倒，幸好狂風沒有傷到他們。一棵大樹被風連根拔起後留下了一個大洞。這對情侶不慎掉進去後，旁邊的樹又陸續倒下，把這個洞封了起來。事後他們才意識到掉進洞裡是多麼幸運。因為當布魯斯想要從洞裡爬出來的時候，一股熱浪洶湧襲來，把他手臂和腿上的毛髮都燒焦了，他不得已又爬回洞中。布魯斯是位麵包師，經常需要估測烤箱溫度，據他後來估計，當時熱浪的溫度大約有攝氏150度。

「等到我們離開山谷的時候，天黑得伸手不見五指，」蘇·拉夫後來回憶說：「我們用上衣包住頭來過濾空氣中的火山灰，讓自己能呼吸得順暢一點。我們不斷被山上掉下來的石頭和冰塊打中，頭頂就是閃電。火山自己製造出了雷暴。」

蘇和布魯斯後來成功脫險。他們的朋友中有兩人也成功逃生，但其中一人被嚴重燒傷，另一人則臀部受了重傷。他們另外兩個朋友則在這次災難中喪生。

聖海倫火山爆發時，**蘇·拉夫**和**布魯斯·納爾遜**正與四個朋友在距火山23公里的地方露營。他們目睹的現象與火山碎屑流很像，但其實並非火山碎屑流。如果是真正的火山碎屑流，他們絕無生還可能。左圖是1984年馬榮火山爆發時產生的火山碎屑流。

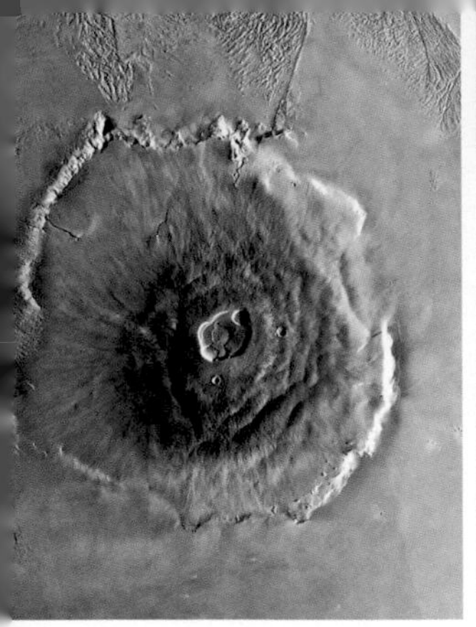

左圖：奧林帕斯山是火星上的盾狀火山。它是我們太陽系內已知的最大火山，占地面積有八個臺灣那麼大。
中圖：日本最高峰富士山是一座典型的複式火山。
右圖：塞羅內格羅火山是一座火山渣錐。它是中美洲最年輕的火山，誕生於1850年4月。

有些火山學家還會根據噴發的可能性為火山分類。那些在歷史上並沒有噴發記錄的火山被稱作**死火山**，但是因為我們無法深入地底看看那裡目前的情況，所以所謂的死火山有時也會死而復生。哥斯大黎加的阿雷納火山就一度被認為是死火山，直到1968年它用噴發否認了這一點。

許多火山現在看起來很平靜，但在過去的幾個世紀中都有過噴發記錄。鑒於它們將來可能再度甦醒，我們把它們稱作**休眠火山**。聖海倫火山曾被當做是休眠火山，直到1980年它再度噴發。那些有噴發跡象，或者近期噴發過的火山，被稱為**活火山**。

不過，參與史密森尼學會的「全球火山計畫」的科學家們並不使用「休眠」或「死火山」這樣的字眼。這項計畫的負責人詹姆斯·盧爾博士說：火山可能會在平靜了3萬年後再次開始噴發，這使得人們無法準確地定義「休眠」。盧爾博士的小組發現地球上約有1550座活火山。

「就像人類一樣，每座火山都有自己的個性。有些火山爆發時只有熔岩靜靜地流淌，有些卻伴隨著劇烈的爆炸噴射出火山灰和氣體。」

卡洛琳·德里傑，火山學家

親愛的神啊，請救我，讓我呼吸

那些著名的火山噴發

1973年的火山噴發是冰島近代史上最嚴重的天災。韋斯特曼納島上有400座民房和建築物被掩埋，島上的5,000名居民全部被疏散。

山噴發曾造成多次巨大災難，諸如使一些島嶼消失得無影無蹤、改變世界的氣候，甚至毀滅整座城市。

「我能聽到後面的山發出轟隆聲，能感覺到眼睛裡進了火山灰。天哪，這簡直是地獄。漆 黑的地獄，暗無天日的地獄。親愛的神啊，請救我，助我呼吸。我什麼也看不見了。」

來自電視攝影師**戴維·克羅克特**的錄音，他經歷了1980年聖海倫火山爆發並活了下來。

毀滅了一個文明的火山噴發

大約5000年前，在克里特島和希臘附近的其他島嶼上出現了歐洲第一個比較重要的文明，它被稱作邁諾安文明。邁諾安人建造了宮殿和房屋，會製造精巧的珠寶和陶器，並創立了文字系統。隨後他們的文明嘎然而止。究竟是什麼原因？

19世紀初期一條線索被世人發現，一群礦工在距離克里特島約121公里的聖托里尼島上工作時，挖到了一層厚厚的火山灰，火山灰下面是人類殘骸和房屋廢墟。顯然，這些遺跡是被古時候一次火山噴發掩埋的。

據推測，在公元前1640年前後，聖托里尼島上的一座火山突然噴發，噴發的力量非常大，導致該島的大部分都沉入海中。聖托里尼火山的這次噴發被認為是有歷史記載以來最強烈的噴發之一。噴發還引起了海嘯（浪高可能達180公尺），摧毀了邁諾安人建在克里特島和其他島嶼上的城鎮。這些事件應該是造成邁諾安文明衰落的主因。

聖托里尼島的這次災難也許還能解釋另一個謎團。關於亞特蘭提斯的故事流傳了2000多年，據說這個曾經擁有高度文明的島嶼沉入了大海。一些人認為聖托里尼島因火火山噴發而導致大部分沉入海洋的

上圖：希臘的聖托里尼島如今的風貌。右圖：衛星拍攝的聖托里尼島鳥瞰圖。群島圍繞著海灣，聖托里尼火山噴發時塌陷形成了這個海灣。現在科學家們認為，聖托里尼火山爆發的強度可能與1815年印尼的坦博拉火山爆發不相上下。

事實，可能是亞特蘭提斯傳說的源頭。

因火山噴發而保存了一座城市

公元79年的夏天非常宜人，在義大利的龐貝城裡，2萬居民都愜意地度過了這段夏日時光。像往常一樣，農夫們在龐貝城附近的維蘇威火山的山坡上種著葡萄。儘管那幾年這裡時常發生地震，大家還是認為維蘇威火山仍在休眠中。

那年的8月24日，一團雲在維蘇威火山上空出現。這不是普通的雲彩，而是由火山逸出的火山灰及氣體構成。當天晚些時候，維蘇威火山發生了劇烈的爆炸，連山頂都被炸飛了。

火山碎屑流和飛濺的石塊使龐貝城裡成千上萬的人喪生。火山灰、火山塵和石頭混合成了厚度達洋六公尺的土層，活埋了許多人。附近的城鎮也未能逃脫厄運，使得死亡人數可能多達1萬8000人。倖存者中包括作家小普林尼；他和母親從龐貝城附近的一座小鎮中成功逃生。後來他從一個目擊者的角度用文字記錄了這次災難。

幾世紀以來，龐貝城已被大多數人遺忘。1595年，龐貝城的一部分遺址重見天日。之後，人們把古城的大部分從厚厚的火山殘渣中挖掘出來。如今，遊客可以漫步在龐貝城的街道，並進入民居和商店裡參觀。

有大約2000具罹難者的遺骸被找到。有些情況下，包圍著遺骸的火山灰已經硬化，遺體慢慢腐爛，硬化的火山灰卻變成了完美的模具。考古學家將石膏注入模具中就可以製造出石膏像，這些石膏像的樣子正是罹難者死亡時的樣子。

直擊維蘇威火山爆發

「維蘇威火山爆發時，山上好幾處同時劇烈地噴射出火焰……火山灰開始往我們身上掉。我回頭，只看見身後滾滾濃煙正撲向我們。黑暗吞噬了我們，這種黑不是沒有月亮時的黑，而是完完全全的漆黑，就像被困在一個關了燈的密不透風的房間。耳邊只聽見女人的尖叫聲，孩子的哭喊聲和男人的號哭聲——呼喊著自己的孩子、父母或丈夫。」

小普林尼，描述公元79年維蘇威火山爆發的情景。

這個石膏像展示的是一隻龐貝古城的狗，它死於公元79年的維蘇威火山爆發。石膏像是以挖掘出的遺體為模型製作的。

1980年聖海倫火山爆發產生的火山灰堵塞了這條原本清澈的瀑布。

改變了氣候的火山爆發

坦博拉火山是印尼松巴窪島上的一座火山。1815年之前人們一直認為它是座死火山。可是1815年4月它噴發了，火山灰雲使得半徑將近500公里範圍內都陷入一片漆黑。這次噴發直到7月才結束，造成1萬2000人死亡。因為後來的一連串連鎖反應，又有成千上萬的人，甚至包括一些遠在地球的另一邊的人，因這次噴發而喪生。

坦博拉火山向大氣層噴射了1.5億噸以上的浮石和火山灰。火山噴發出的細小火山灰和二氧化硫阻擋了陽光，使到達地球的太陽熱量變少，導致很多地方溫度驟降。

坦博拉火山噴發後的第一年異常寒冷，被人們稱作「無夏之年」，也有人說這一年是19世紀極寒之年。美國的佛蒙特州在6月降了一場30公分厚的大雪！因為嚴寒，許多國家的莊稼顆粒無收，家畜死亡。據估計，歐洲、加拿大和其他地方共計有8萬2000人死於嚴寒造成的饑餓和疾病，使得坦博拉火山這次噴發導致的死亡人數上升到了近10萬。

4800公里外都能聽得到的火山爆發

1883年春天，印尼的喀拉喀托火山島開始不斷出現小噴發。8月26日，喀拉喀托火山猛烈噴發，形成了長達27公里的黑煙柱，但重頭戲還在後頭。從火山流出的熔岩碰到海水後冷卻變為固體，凝固的熔岩堵住了噴發口，使氣體和其他噴發物質無法正常噴出。這些被封閉的氣體積聚在火山內部，使火山內的壓力越來越高。1883年8月27日，喀拉喀托火山發生了大爆炸，其劇烈程度超乎想像。

巨大的爆發力將火山灰雲推至8萬公尺的高空，就連4800公里外的羅德里格斯島都聽到了爆發的巨響，那裡的人還以為是大炮聲。

因為聲音傳播的速度大約為每小時1206公里，所以羅德里格斯島的居民在爆炸發生4小時後才聽到這聲巨響。

幸運的是，喀拉喀托島上無人居住，這次的災難使該島三分之二的面積都被破壞殆盡。但是，火山爆發引發了海嘯，海浪以每小時480公里的速度沖往臨近的印尼爪哇島和蘇門答臘島。滔天巨浪抵達兩島時已高達40公尺，致使3萬6000人喪生。

19年代，由於海底的火山噴發，在原來的喀拉喀托島附近又形成了一個新島。這個島被命名為阿納喀拉喀托，意為「喀拉喀托之子」。

1883年喀拉喀托火山劇烈爆發的兩周前，這幅冒著煙的火山木版畫刊登在The-Graphic上。TheGraphic 是倫敦的一種插畫報紙。

「突然之間我聽到一聲巨響。很快，樹和房子都被沖走了……（海浪）來得太快，大部分人都來不及反應，許多幾乎就在我身旁的人就這樣淹死了。」

一位農夫描述1883年喀拉喀托火山爆發後，海嘯襲擊爪哇島的情景。

直擊培雷火山爆發

「當時我正坐在家門口的臺階上，忽然感覺到一陣可怕的風猛吹過來。大地開始顫動，天空也瞬間黑下來。我費了很大力氣才跨過三、四步的距離回到房間，感覺胳膊和腿都被燒得很痛，身上也是。我掙扎著爬上床等待死亡到來。大約一個小時後，我恢復了意識，然後看見屋頂著火了。我的腿在流血，腿上全是燒傷，但我還是奮力從聖皮埃爾跑了六公里到了另一個鎮。」

里昂·康柏爾·理德雷，鞋匠，培雷火山爆發的倖存者

照片中一人正望著培雷火山爆發後的廢墟。

徹底摧毀一個城市的火山爆發

1902年春天，加勒比海法屬馬提尼克島上的培雷火山開始轟隆作響。4月底時，培雷火山開始向八公里外的聖皮埃爾城噴射火山灰，當時城裡住著2萬6000居民。一些居民嚇壞了，逃離了聖皮埃爾城，但是很多住在鄉下的居民都認為城市能提供更好的保護，於是紛紛奔赴聖皮埃爾城，使那裡的人口總數增長了數千。

1902年5月8日早上7點50分，這座火山開始了一連串劇烈的爆炸、噴發。其中四次爆炸都噴向空中，但有一次是橫向噴發；這一股混合著高溫氣體、火山塵和火山灰的碎屑流以每小時160公里的速度奔向聖皮埃爾城。火山碎屑流的溫度高達攝氏370度，將所到之處的一切都化為了灰燼。

據估計共有2萬9000人喪生。聖皮埃爾城被完全摧毀，整座城市只有兩名倖存者：一個是被關在地牢裡的囚犯；一個是在家中被嚴重燒傷，但保存性命，並將當

時情況講述下來的鞋匠。

炸平大山的火山爆發

1980年之前，聖海倫火山是華盛頓州的第五高峰，高達2951公尺。這座高山吸引了很多人來攀登和露營。儘管它是一座火山，但自1850年代起就沒有噴發過，所以人們並不覺得它很危險。

1980年3月，科學家們探測到聖海倫火山附近有地震發生。到4月，火山內部積聚的岩漿和氣體已經形成了巨大的壓力，導致山體開始膨脹。火山學家警告，這很可能意味著一場大爆發即將來臨。政府設置了路障，讓人們只在估計的安全距離外活動。

1980年5月18日早上8點32分，聖海倫火山爆發了。爆發產生的氣浪卷著噴發物質迅速蔓延，但就像78年前的培雷火山一樣，許多爆炸雲朝向側面噴發，所以原先估計的安全距離不再安全了。火山爆發所產生的熱量、有毒氣體、飛出的石塊、火山灰、火山碎屑流和火山泥流導致57人喪生，其中有人距離火山29公里依然未能倖免。火山爆發時，一對地質學家夫婦——桃樂西·斯托菲爾和凱斯·斯托菲爾——

在短短51秒的時間內，聖海倫火山先是坍塌，然後又發生了爆炸。

直擊聖海倫火山爆發

「眼前的景觀被徹底改變了。樹木倒了，所有東西都被火山灰、泥土和碎石片覆蓋著，有些地方的深度達30公尺。四周到處散落著房屋的碎片，還有巨型冰塊像山上被炸飛的房子那麼大。斯皮里特湖冒著滾滾的水蒸氣，水面上覆蓋著殘樹、火山灰和泥。整個地方看起來非常荒涼，就像月球的表面。」

里奇·馬里奧特，描述火山爆發四天之後聖海倫地區的景象，他當時是美國林務局的雪崩專家。

高45公尺的大樹在聖海倫火山爆發時也脆弱如火柴，被輕易折斷。整片森林毀於一旦。

正乘著一架單引擎飛機，在火山上方300公尺處拍攝照片。在這險象環生的一刻，飛行員及時駕駛飛機逃出了爆炸雲的魔掌。

「我們看到噴發柱衝向天空，高達1萬8000公尺，」桃樂西·斯托菲爾回憶道，「噴發柱展開後，我看到了被閃電照亮的整個火山頸，那感覺就像望進地獄的入口。」經過這次爆發，聖海倫火山不再是華盛頓州的第五高峰了。爆發削去了山頂396公尺的高度，使它「淪落」為華盛頓州的第13高峰。

「火山爆發時，在聖海倫火山半徑19公里範圍內的人，無一生還。那座山上的景象讓人不敢相信自己的眼睛。」

麥克·凱恩斯，1980年，他所在的美國國民警衛隊小組在聖海倫火山爆發後，負責乘直升飛機搜救倖存者。

遊客們正拿著聖海倫火山1980年爆發前的照片，和現在的景象做比較。

地球的造型師

熔岩從夏威夷的啟勞亞火山流向太平洋，海水使熔岩冷卻變硬，使火山所在的小島面積不斷增大。

儘管火山有時候破壞性極強，但實際上它們在地球轉變成生命樂園的過程中也起了很大的作用。數十億年前，年輕的地球上火山非常活躍，火山活動要比現在多得多。「要不是火山活動，也許地球上根本不會有生命存在，」奎克博士說：「火山運動把各種氣體帶到了地球表面，很有可能是這些氣體液化後形成了海洋。」除此之外，從地球內部流出的熔岩遇冷凝固，可能才形成了各大洲。

火山噴發造就了島國冰島，以及印尼和日本的大部分地區。如果沒有火山，就不會有美麗的夏威夷。數百萬年前，太平洋的海底形成了很多裂縫。熔岩從這些裂縫中噴湧而出並凝固，從而在海底形成了山峰，稱為「海底山」或「海丘」。火山不斷噴發，這樣海丘高度不斷增加，逐漸逼

熔岩從啟勞亞火山流向太平洋，入海時發生爆炸。

「火山是我們這個星球強有力的造型師。它們可以影響大氣，影響海洋，影響冰川，也會影響農業和人類文明本身。它們的存在既是美麗的地質風光，同時也時刻提醒我們地球是活躍，變動，而且活生生的。」

蒂娜·尼爾，阿拉斯加州火山觀察站的研究地質學家

上圖：在這座夏威夷小島邊，白色的海浪不停地沖刷著黑色的火山沙。遠處那一團白色水蒸氣，是滾燙的熔岩流入冰涼的太平洋時形成的。

右圖：就像人行道石磚的縫隙裡經常會看到小草的身影，夏威夷島上也有柔弱又頑強的蕨類植物，努力地從硬梆梆凝固熔岩的縫隙中鑽出來。

近水面，最終山頂破水而出，變成了夏威夷群島。

美麗的夏威夷是美國的第50個州，由於火山噴發，夏威夷還在不斷增長。在夏威夷大島東南方32公里處有一座叫羅希的海底山；現在羅希海山距離海面還有將近1000公尺。但在數千年之後，羅希海山很有可能升出水面，成為夏威夷群島中的新成員。

火山噴發出來的火山灰和熔岩會毀壞農作物，但隨著時間的流逝，火山給土壤帶來的好處也會慢慢顯現出來。「火山噴發物富含鉀、鈣和植物需要的其他營養元素，」奎克博士說：「農民喜歡住在火山的山坡上，

夏威夷歐胡島上有一座火山渣錐，名叫科科角。現在它是座休眠火山，但它在幼年的爆發期，為歐胡島今天的肥沃做出了不少貢獻。

左上圖：這個人正在熱氣騰騰的「火山浴缸」裡泡澡。這座天然浴缸位於美國加州東部，冒著滾滾的熱氣，就像他手中那杯咖啡一樣，之所以能看到「浴缸」和咖啡冒出的熱氣，是因為周圍空氣的溫度比裡面液體的溫度低很多。

因為他們發現那裡的土壤很肥沃。」例如，儘管維蘇威火山曾經爆發過很多次，農民們還是一次又一次地回到那裡種植葡萄、橄欖、豆子、番茄、橘子和檸檬。

火山活動把一些寶貴的礦物從很深的地下帶到了地表下比較淺的地方，使得人們可以開採這些礦物，如金、銀和銅。火山贈與我們的還有一種珍貴的寶石，也是自然界中最硬的東西——鑽石。很多鑽石都被火山噴發從很深的地下帶到靠近地面的

中圖：兩種蝦沿著水下火山口量繁殖。死於火山噴發的魚類和烏賊沉積在海底，為這兩種蝦提供了豐富的食物。
右上圖：一隻日本雪猴泡在火山性溫泉裡，正仔細地端詳著自己的腳。

地方，然後被人們從死火山的頸部位置開採出來。

人們還學會了利用火山高溫生成的、冒出地面的熱蒸汽和熱水。火山蒸汽和熱水可以用來發電。很多國家，包括美國、俄羅斯、義大利、菲律賓、印尼、紐西蘭、日本和墨西哥，都透過這種方法獲得一部分所需能量。未來化石燃料會越來越少，所以巧妙利用火山資源可能是未來發熱發電的重要途徑之一。

火環

預測火山噴發

2006年5月16日，印尼爪哇島上的麥拉匹火山噴發，超過1.5萬人被從山上疏散。自1548年起這座火山已經噴發了68次多。「麥拉匹」的意思是「火之山」。

「我既被火山深深地吸引，又對它們心懷恐懼。聖海倫火山在1980年噴發的強度與一顆大核彈的爆炸威力相當。」

詹姆斯·奎克，火山學家

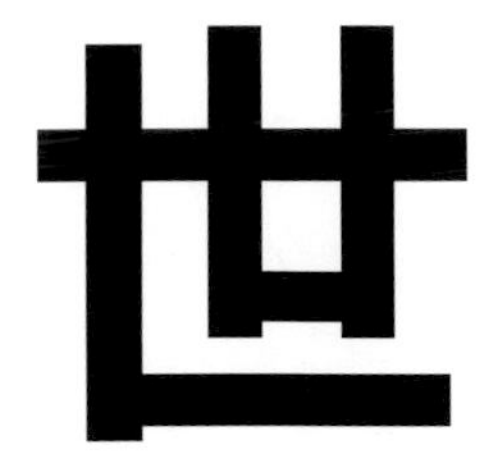界火山分布圖可以揭示出火山的出現是有規律的。這個星球上有些地方一座火山也沒有，其他地方卻可能有很多。火環指的就是沿太平洋邊緣分布的一系列火山帶，其中包括300多個活火山，占全世界1,550個活火山的五分之一。

20世紀60年代，科學家們提出了一項理論——「板塊構造學說」。這個學說認為，地球的地殼是由大約14個非常大的岩石板塊和無數個小岩石板塊構成的。

這些板塊並不是靜止不動的。相反地，它們以每年幾公分的速度緩慢移動。有時一個板塊會隱沒到另一個板塊下面，一旦下方的板塊深入到地下90～110公里左右，地球內部的溫度就足以熔化它。而這些熔化的石頭（即岩漿），就是火山爆發時噴出的物質。也有一些地方，板塊會張裂，板塊之間互相離得越來越遠，為岩漿上升到地表提供了空間。

不論哪種情況，火山都會在板塊交界的地方形成，比如環太平洋火山帶，就位於太平洋板塊和其他板塊相碰撞的地方。帕里庫廷火山位於墨西哥火山帶，這個火山帶就在北美板塊和科科斯板塊、里維埃拉板塊的交會處（見第38頁地圖）。板塊交界處不僅有火山，還有地震。如果板塊移動時，地下的岩石受到了足夠大的壓力，會使岩石斷裂，形成地震。

不過，並不是所有火山都分布在板塊邊緣。火山學家也不確定原因，但他們相信在有些地方，板塊下分布著「熱點」。這些熱點處的溫度異乎尋常地高，所產生的

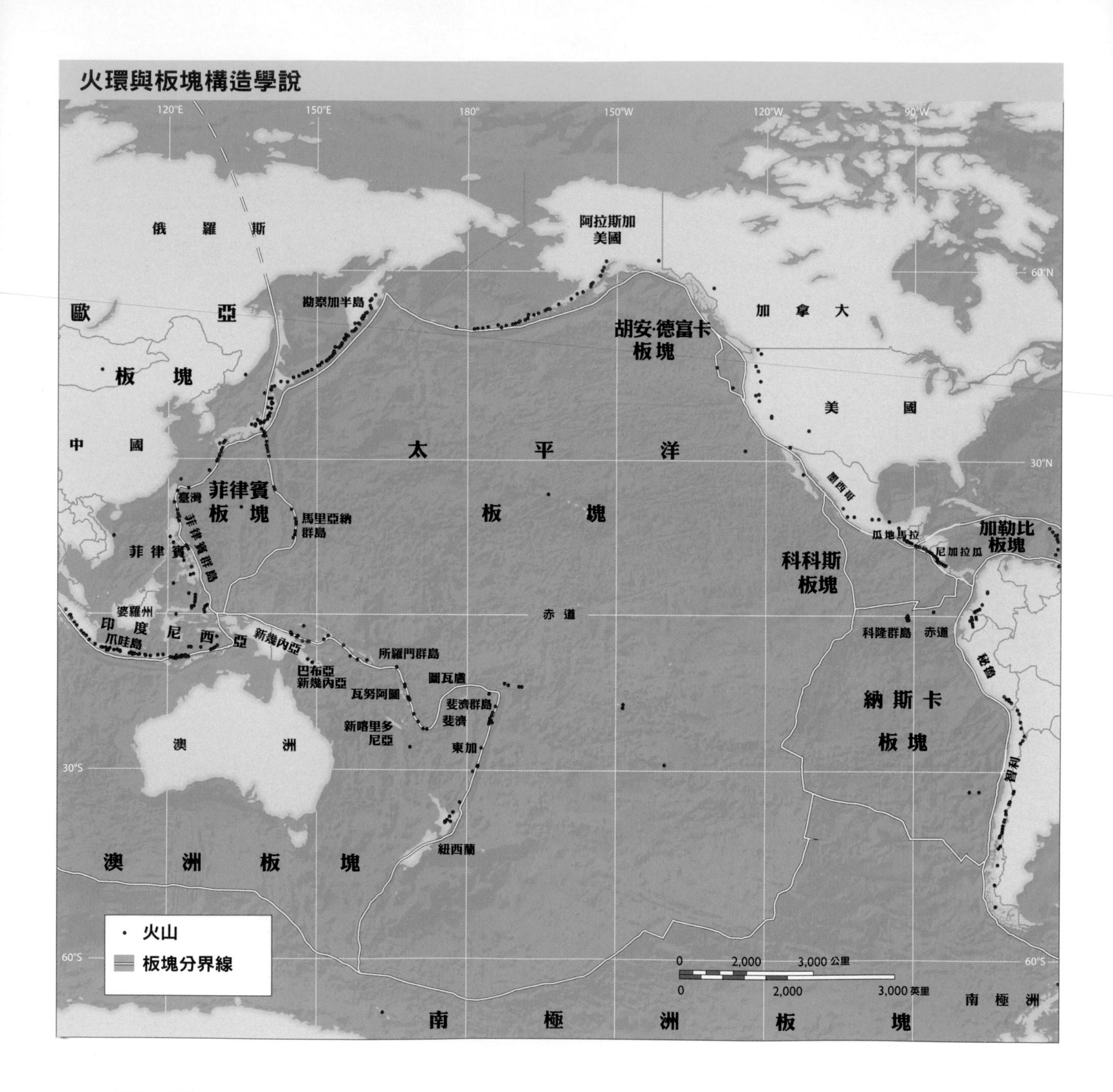

火環與板塊構造學說
120°E
150°E
180°
150°W
120°W
90°W
60°N
30°N
30°S
60°S
俄 羅 斯
阿拉斯加
美國
勘察加半島
歐 亞
板 塊
加 拿 大
胡安·德富卡
板塊
美 國
中 國
太 平 洋
菲律賓
板 塊
臺灣
菲律賓群島
菲 律 賓
馬里亞納
群島
板 塊
墨西哥
瓜地馬拉
加勒比
板塊
尼加拉瓜
科科斯
板塊
婆羅州
印 度 尼 西 亞
爪哇島
新幾內亞
赤 道
科隆群島
赤道
所羅門群島
巴布亞
新幾內亞
圖瓦盧
瓦努阿圖
斐濟群島
斐濟
新喀里多
尼亞
東加
澳 洲
秘魯
納 斯 卡
板 塊
智利
紐西蘭
澳 洲 板 塊
火山
板塊分界線
0
2,000
3,000 公里
0
2,000
3,000 英里
南 極 洲
南 極 洲 板 塊

位於加勒比海蒙塞拉特島上的蘇夫利爾火山即將噴發，火山學家們正在火山附近安裝監測裝置。來自蒙塞拉特火山觀測站的一個小組負責設置傾斜儀，而來自波多黎各大學的另一個小組負責安裝全球定位系統（GPS）。直升機在旁待命，隨時準備將科學家們安全撤離。

岩漿不斷上升，最終衝破地殼，形成了火山。夏威夷群島就被認為是由太平洋板塊下的一個熱點形成的。

黃石國家公園絕大部分座落於美國懷俄明州，人們認為它也剛好處在一個熱點的上方。黃石公園之所以有溫泉、間歇噴泉（從地面向上噴發的熱水和熱蒸汽）和泥溫泉（一池滾燙冒泡的泥）都得益於地下岩漿的存在。

拯救生命

近年來，火山學家們對火山噴發前的預兆有了更多的了解。美國地質調查局對美國境內的火山進行監測，並幫助其他國家監測他們境內的火山。

奎克博士說：「通常在火山噴發前，地震活動會明顯變多。」這是上升的岩漿在地下湧動的結果。地震儀可以靈敏地偵測到人類感覺不出來的小地震，所以我們用這

直擊火山

「如果飛機試圖從火山灰中穿過，可能會有墜毀的危險。火山灰被飛機的發動機加熱，會液化並硬化，導致發動機故障。這種事故曾經發生過。1989年，一架噴氣式飛機穿過阿拉斯加里道特火山噴出的火山灰時，四個發動機在59秒內全部故障。幸運的是，飛行員成功地重啟了發動機，並把飛機安全地降落在阿拉斯加的安克拉治市，當時機上有240名乘客。」

「當我們獲悉有火山噴發時，火山灰計畫的首要任務就是向飛機發送警報，告知火山灰的範圍和高度，讓他們可以及時避開。」

傑夫·奧西恩斯基，美國國家氣象局火山灰項目負責人

這架噴氣式商務飛機的飛行員意外遇上了阿拉斯加的里道特火山噴射出一柱火山灰。

種儀器測量地震。在每座火山上我們可能會設置6～20個不等的地震儀。「如果在一座火山附近發生了很多地震，就說明可能是把附近居民疏散撤離的時候了。」

火山快要噴發時，山體兩側可能會膨脹，1980年聖海倫火山噴發前就曾出現過這種現象。幾十年來，火山學家一直用傾斜儀監測火山山體的膨脹或斜度的變化。奎克博士還介紹了一種新方法：利用天上的衛星來監測火山的膨脹，可監測到小於一公分的膨脹。據美國地質調查局火山學家卡洛琳·德里傑說，用衛星來觀察火山是最安全的方法。火山對於人和儀器來說都很危險，「她說，我們沒有足夠資源在每座難以攀登的火山上都放置傾斜儀。有了衛星資料，意味著我們

「有了衛星資料，意味著我們不用那麼頻繁地親探火山口，還可以從個更廣闊的視角觀察火山的變化。」

卡洛琳·德里傑，火山學家

2006年5月中旬麥拉匹火山噴發後，10公里以外的田地都被灰色的火山灰掩埋了。麥拉匹火山位於印尼首都雅加達以西459公里處。圖中這位農民正用一根棍子把農作物上的火山灰敲掉。

不用那麼頻繁地親探火山口，還可以從更廣闊的視角觀察火山的變化。」

噴發之前，火山會釋放出大量二氧化硫和其他氣體。氣體檢測器可幫助科學家偵測是否有氣體開始從火山中逸出；如果確實有氣體逸出，說明火山可能正在醞釀一個大麻煩。

岩漿向上移動時，火山會釋放出更多的熱量，所以科學家們用溫度計和熱感相機來監測火山是不是正在「發燒」。如果是，那可能是火山即將噴發的另一個預兆。僅僅在19世紀和20世紀，火山就造成22萬5000人喪生。平均下來，大約每10年就會有一次極具破壞性的火山大噴發在世界某處發生。我們也許永遠無法阻止火山噴發，但是透過監測危險的火山並及時疏散人群，我們可以減少這些自然災害帶來的傷害。

墨西哥的波波卡特佩特火山，一個人正沿著山體向下走。遠處朦朧中起伏的是伊斯塔克西瓦火山。有超過3000萬人住在這兩座活火山附近，舉目可見它們瑰麗的身影。兩山距離墨西哥城約55公里。

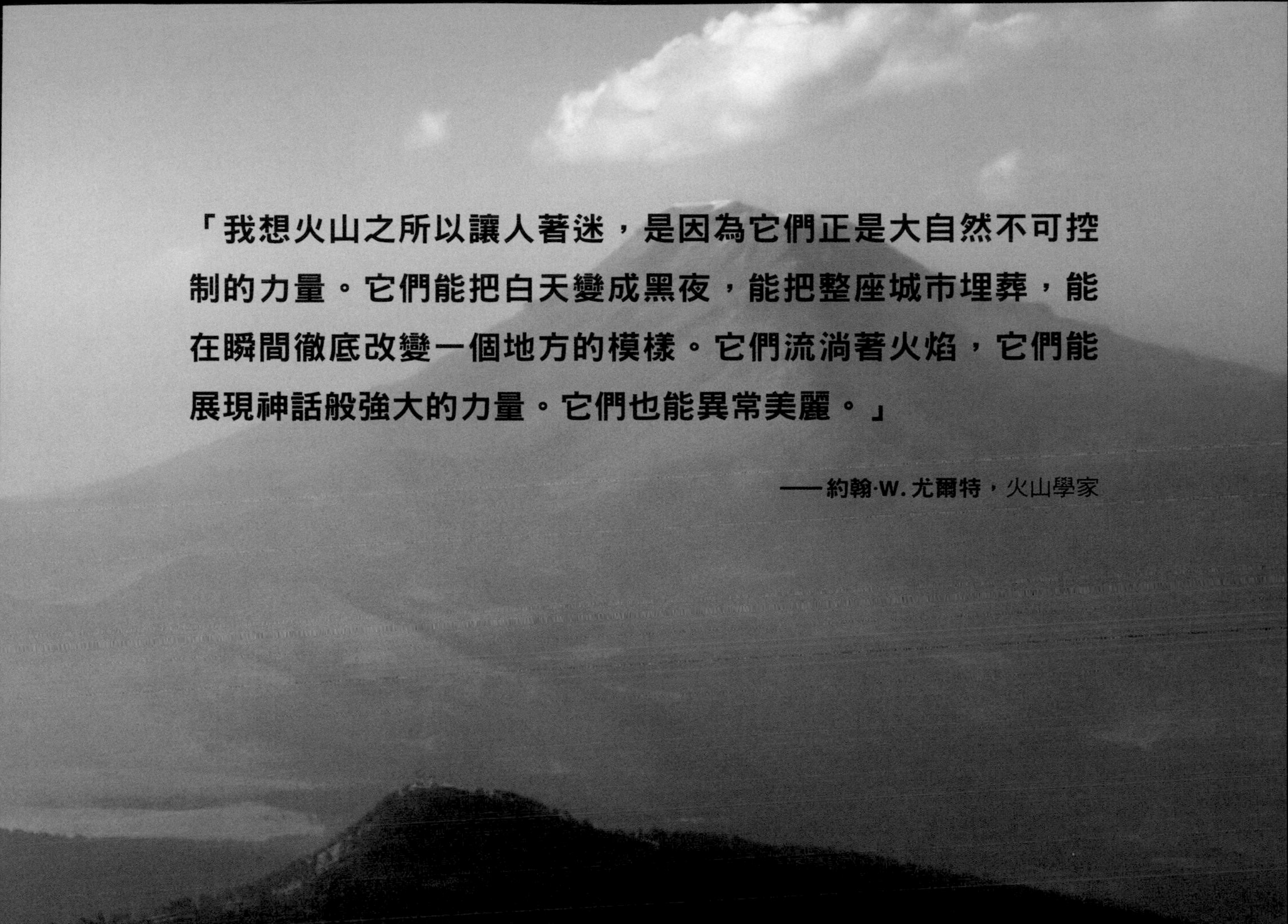

「我想火山之所以讓人著迷，是因為它們正是大自然不可控制的力量。它們能把白天變成黑夜，能把整座城市埋葬，能在瞬間徹底改變一個地方的模樣。它們流淌著火焰，它們能展現神話般強大的力量。它們也能異常美麗。」

——約翰·W. 尤爾特，火山學家

第六節

台灣的火山活動

台灣的火山會再噴發嗎？

灣的火山會再噴發嗎？這是台灣居民關切的問題，也是台灣的火山學者最關切的議題。宋聖榮教授在其著作《台灣的火山》中寫道，國際火山學會於1994年依時間經驗法則，把活火山的定義，定在最後一次噴發為 5000至1萬年前，但火山定年有許多實際上的困難。1994年，國際火山學會提出另一個定義：若能利用各種科學方法，偵測出火山地底下仍有岩漿庫的存在，就可以認定其為活火山。

龜山島位於沖繩海槽和琉球火山島弧的交會點上，正是容易產生岩漿的地體構造環境，龜山島底下的確會有岩漿產生。此外，龜山島在1萬年以內曾有火山活動。從以上兩者，可確知龜山島屬於活火山。

大屯火山群不僅高溫溫泉遍布，地熱豐富，且曾在1986年發生芮氏規模5.0以上的地震，經過地震震波分析，判斷是由地下流體所造成，也支持大屯火山群下有岩漿庫存在的推論。加上大屯火山群的最新噴發定年為5000~6000年前，更可以確認大屯火山群為活火山。

大屯山群緊臨大台北都會區，若真的發生火山爆發，後果堪慮；龜山島雖位於海上，但若真的發生火山爆發，引發地震與海嘯，也可能造成一些災害。固然古人說：「毋恃敵之不來，恃吾有以待之。」但也不需因此每天擔心火山即將爆發，這樣反而變成「杞人憂天」了。21世紀的今天，科學家已可以利用各種天上、地面、地下的儀器研究、分析與監測火山，當我們對火山的認識愈多，我們就愈有能力面對，甚或避免可能發生的災害。

有溫泉的地方就會有火山嗎？

台灣從南到北，到處都有溫泉，這和廣布的火山岩與火山活動有關係嗎？ 答案是：不一定。

宋聖榮教授說，造就溫泉的兩大因素是地熱和水。台灣年雨量超過2000公釐，自然不缺水；台灣地熱的來源主要有二，一是火山活動殘餘的地熱，二是來自快速抬升的造山運動。

宋教授進一步解釋說，例如中央山脈地區的溫泉（如：東埔溫泉），就不是火山造成的。地球有地溫梯度，愈靠近地核，溫度愈高。中央山脈在快速抬升的造山運動中，將地球內部的高熱帶到距離地表較近的地方；而岩石屬於不良導熱體，散熱很慢，當抬升的速度大於散熱的速度，地底就會留下地熱，若再加上充足的水源和溶於水中一定比例的化學組成，就會形成溫泉。

由此可知，有火山的地方通常會有溫泉；但有溫泉的地方不一定有火山。

如何判別火山地形？

台灣大學地質系專研火山學的宋聖榮教授說，台灣的火山岩分布雖廣，但經過千百萬年的風化與侵蝕，地形特徵多不十分明顯。尤其台灣颱風多，侵蝕現象嚴重，因此除了仍在活動中的大屯火山和龜山島外，一般人在野外很難一眼看出火山地形。不過外型上，火山多半是獨立的山體，或是較附近地區突出的山群（如陽明山火山群），與造山運動形成的連綿山脈有明顯的不同。但若要真正確認是否曾經為火山，除了外形外，還是要從山體的成因和岩石組成來看。岩石組成要靠實地田野調查，搜集當地岩石樣本，辨識是否為火山岩，作為火山地形的證據。

火山岩是由火山自地球深層噴出至地表的岩石，是均質、顆粒小的特性，如玄武岩、安山岩和流紋岩等，都是典型的火山岩。

台灣也有火山？

台灣位於太平洋火環上，不僅地震多，火山也不少。

根據台灣地質學者的探查與研究，除了目前仍在冒煙的台北大屯火山群和海底不斷湧出熱氣的龜山島外，全台灣有火山岩分布的地區還包括北部的基隆火山群、觀音山和草嶺山、北部外島如彭佳嶼、基隆嶼等。台灣西部的火山岩區包括台北公館、桃園角板山、新竹關西、竹東、南橫的寶來，以及澎湖群島。台灣東部的火山岩區則包括了海岸山脈、綠島和蘭嶼等。

火山岩分布相當廣，見證了台灣地質史上活躍的火山活動；經過地質學家的定年，估計這些火山活動最早的是公館地區的火山，活動約在中新世早期（2300~2000萬年前）；澎湖群島約在中新世早期中期至晚期（1700~800萬年前）；蘭嶼、綠島的火山活動活躍於300～120萬年前，小蘭嶼最後噴發年代大約距今4～2萬年間。金瓜石所在的基隆火山群的噴發活動約在120～90萬年前。龜山島是台灣最年輕的火山，最近的噴發可能少於7000年前。離台北都會最近的大屯火山群的火山活動約自280萬年前開始，最後噴發時間約為5-6000年前。

台灣的火山監測與研究

由於台灣有文字歷史以來並沒有火山噴發的紀錄，所以台灣的火山監測工作並不如氣象或地震那麼受到重視。

幾年前地質學家修正了大屯火山群的定年，從最後噴發時間為20萬年前大幅修正至5-6000千年前，屬於活火山，因此國科會、中央氣象局和經濟部中央地質調查共同合作，於去年（2011年）10在陽明山國家公園菁山自然中心正式成立了大屯火山觀測站（Taiwan Volcano Observatory，簡稱 TVO），是台灣第一座火山觀測站。觀測站針對大屯火山區的火山氣體、地溫、地殼變形和微震加以監測，24小時及時掌握這座緊鄰大台北都會的火山動態，防範火山災難。值得一提的是，這座觀測站不僅開放民眾參觀，它的網站也有針對火山與火山監測方法等深入淺出的介紹，以期普及火山科學。

了解火山爆發前的徵兆

世界各國都在活火山附近建立了監測站點，以便於時刻觀測火山活動。居住在火山附近的居民，可以通過權威機構瞭解火山活動情況。此外，我們也能通過一些火山爆發前的徵兆，來判斷火山的情況，以便提前應對。

微震不斷：火山爆發往往會有地震發生，如1980年5月的聖海倫斯火山大爆發前曾監測到每天芮氏震級3.0級地震達30次，蘇弗裡耶爾火山在1978年4月大爆發前，可感地震每小時達15次。

地質變化：火山爆發前幾個月，劇烈的地下岩漿活動會改變火山附近的地形，出現地裂、塌陷、位移等。而在突然噴發前，岩漿會從下面向外擠壓，在火山的一側產生一個圓丘。如1912年阿拉斯加卡特邁火山爆發前，周圍甚至遠距十幾千米以外，突然出現許多裂縫和塌陷，有些裂縫還會冒出氣體，噴出灰沙。

氣味異常：在火山爆發前，岩漿在地下大量聚集，並向地表迫近，使得岩漿中的氣體和水蒸氣有一部分先行飄散出來。這些氣體中含有硫磺，因此，人們通常可以嗅到難聞的氣味。

溫度升高：火山爆發前，岩漿活動導致附近的地表溫度和地下水溫都升高，雪山上的冰雪融化。如聖海倫斯火山、科托派克希火山、魯伊斯等火山均有此現象，融化的雪水甚至造成泥石流或山洪暴發。

動物異常：火山爆發前，陸地上的動物可能會出現逃跑、狂叫、失控、攻擊人、集體遷移、突然死亡等異常現象。有記錄表明鳥類甚至因為失去方向感撞樹而死。這是因為岩漿飄散出有毒的氣體和水蒸氣，另外地表溫度過高，導致動物行為反常。海洋中，曾發生深海魚游向淺水區，許多魚類突然死亡，這也是海洋溫度和鹽度改變的結果。但動物異常現象不能單獨作為火山爆發的前兆。

「天下莫柔弱於水，而攻堅強者莫之能勝，
以其無以易之。」
——老子

第三章：海嘯

TSUNAMIS

翻譯：許一妮
審定：吳祚任

2004年印度洋大海嘯

就像尼加拉大瀑布朝我們沖過來

2004年印度洋大海嘯，這艘船被從海裡卷到了離岸邊1.5公里的屋頂上。

在2004年12月26日，發生了一場震動地球的強烈地震，威力之大甚至使地軸發生了輕微的搖擺。

這天天亮後不久，印度洋海床的下方就發生了地震。這次地震持續了大約9分鐘，是有地震測量記錄以來第三大地震，造成的破壞規模幾乎令人無法想像。

在海底或近海地區發生的大型地震會劇烈攪動海水，造成一波又一波威力極大的海浪，這一系列巨浪統稱為「海嘯」。在遠洋地區，這些波浪會以每小時幾百公里的速度快速挺進，不過這時它們在海面上看起來只是小小的隆起。但當靠近海岸的時候，它們的速度就會明顯地放緩，前後堆疊在一起形成鋪天蓋地的「水牆」向海岸呼嘯而去。2004年12月26日的劇烈地震引發的洶湧海嘯，奔向了印度洋沿岸十幾個國家的海岸。在某些地區，浪高甚至達到33公尺——相當於11層樓房的高度。

印尼是首批被襲擊的地點之一，距離地震發生地點只有40公里。在震動停止後的短

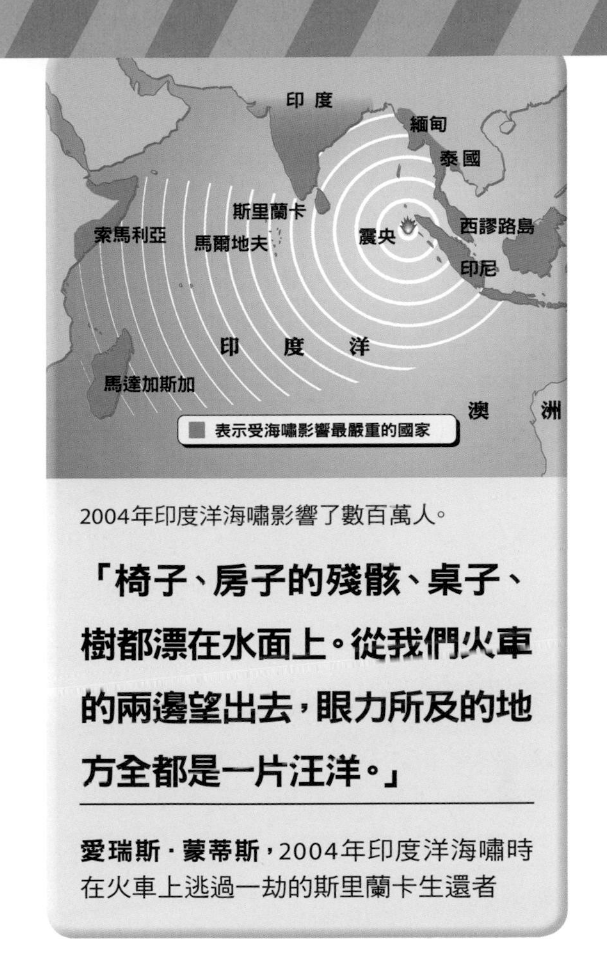

2004年印度洋海嘯影響了數百萬人。

「椅子、房子的殘骸、桌子、樹都漂在水面上。從我們火車的兩邊望出去，眼力所及的地方全都是一片汪洋。」

愛瑞斯·蒙蒂斯，2004年印度洋海嘯時在火車上逃過一劫的斯里蘭卡生還者

短幾分鐘，海嘯就沖到了這個島上。15公尺高的海浪造成一些村莊全毀，然而島上7.8萬居民僅有7人在這場災難中喪生。如此低的死亡率要歸功於西謬路島當地居民世代相傳的地震警報風俗。

很久以前，一場地震引發的海嘯曾徹底摧毀了西謬路島上的村落，從那個時候

起，島民就開始教導他們的孩子在感覺到地震時一定要快速地跑到山上去。所以當2004年底地震發生時，當地的居民們奔相走告，大聲呼喊著：「西蒙！西蒙！」（「西蒙」在當地語言中是「海嘯」的意思。）這樣，當海嘯來的時候，島上幾乎所有的居民都已經躲避到高處。

「突然間我們看到一波巨浪迎面而來，我的第一個念頭是，這就像是尼加拉大瀑布朝我們沖過來。」

迪派克·簡教授，回憶2004年12月26日和家人在泰國普吉島上與海嘯擦肩而過的情景。

在地震發生30分鐘之後，印尼的蘇門答臘島也迎來了海嘯的襲擊。蘇門答臘島上的班達亞齊是距離震央最近的大城市。巨大的海浪沖進了班達亞齊，大浪最遠到達內陸4.8公里處，班達亞齊市有三分之二被毀，數萬市民喪生。印尼總共有16.8萬人失蹤或喪生，在這一天當中罹難的人數就超過

圖為從太空拍攝的蘇門答臘島沿海的洛克葛鎮。左邊的照片是2004年海嘯發生前拍攝的，右邊的圖片是兩天後拍攝的，能看出海嘯對該鎮的毀壞。有一波海浪到達岸邊時，可能有15公尺高。

在海嘯吞沒海邊船隻的時候，卡琳·斯瓦德跑去通知她的家人逃走。她說：「當我從一些人身邊跑過時，他們衝著我喊道：『趕快離開海灘！』但是我沒有理會他們。」還好，卡琳、她的丈夫、三個孩子和她的哥哥都幸運地躲過了海嘯。

了在美國歷年所有龍捲風、颶風、地震、洪水、火山和海嘯災難中死亡的總人數。

在印尼遭受海嘯襲擊一小時後，海嘯又開始攻擊泰國南部的海灘。在泰國普吉島的麥考海灘，一個十歲的英國小女孩正和父母、七歲的妹妹在那裡度假。碰巧的是，在兩個星期之前，這個叫蒂莉·史密斯的小女孩剛剛在地理課上學過地震是如何引發海嘯的。蒂莉那個時候還清楚地記得，在海嘯來臨之前，有時候海水會突然從海邊消退。

在那個剛過完耶誕節的星期天早晨，蒂莉正和家人待在沙灘上，忽然她發現了一些奇怪的現象。「海面上出現了很多氣泡，而且海水忽然一下子都退下去了。」事後蒂莉這樣解釋說。這個景象讓她想起了地理課上的內容，她馬上告訴家人海嘯可能就要來了。史密斯一家在離開海灘的時候也警告了其他遊客，勸大家趕緊躲到高地上去。多虧了蒂莉的警告，這場特大海嘯襲擊麥考海灘的時候，所有人都已經成功疏散了，沒有出現任何人員傷亡。

據說在泰國的另一處海灘，幾個孩子被放在大象的背上。大象將他們送到了安全的地方，讓他們倖免於難。然而，泰國的海岸邊還是有多達8000人溺死於這場海嘯中。

2004年12月26日，泰國普吉島上的這處海邊度假勝地被印度洋海嘯吞沒。

在襲擊泰國半個小時之後，海嘯抵達了斯里蘭卡。這個小小的島國先後遭受六波巨浪的衝擊。一列沿海岸行駛的火車遭遇不測，這列名為「海洋皇后號」的火車滿載著大約1500名乘客時被兩波巨浪襲擊，800多名乘客被淹死，成為歷史上死亡人數最多的鐵路災難之一。當海浪終於離開斯里蘭卡時，這場災難已造成3.5萬人死亡。

直擊海嘯

「……接著第二波巨浪來了，但感覺上更像是漲水，大水沖進了車廂。我們都爬到了座椅上。但是僅僅幾秒鐘之內，水就迅速漲了上來，淹到了我們的脖子。沒多久，我、我媽媽和車廂裡其他人都完全被淹沒在水下了。」

愛瑞斯·蒙蒂斯，講述她在斯里蘭卡「海洋皇后號」上的驚險遭遇。

在斯里蘭卡的人們飽受海嘯折磨的同時，北邊30多公里外的印度也遭受到巨浪的襲擊。巨浪深入印度沿海地區約3公里，造成近2萬印度人在這次災難中喪生。

其他遭受人員損失的亞洲國家包括緬甸、馬來西亞和馬爾地夫。海嘯甚至波及到非洲的東海岸地區，導致索馬利亞約300人喪生。在這場災難中，最遠造成人員死亡的地方是遠在千公里外的南非，地震發生16個小時後，巨浪竟然來到了這裡並奪走了數人的生命。

當然，在這一連串的死亡和毀滅中，有一些奇蹟般生存下來的生還者。馬拉瓦提·達烏德是一位住在蘇門答臘島上的23歲女子。海嘯發生的時候，她和丈夫一起被捲入大海裡。她的丈夫瞬間就被沖走了，懷孕的她不會游泳，在那種情況下，似乎已經在劫難逃。「我在水中拼命地掙扎想把頭伸出水面，剛好就在這個時候，我幸運地抓住了一棵樹。」馬拉瓦提事後回憶說。就這樣，她緊緊抓住了這棵漂浮著的西穀棕櫚樹，靠吃這棵樹的果實和樹皮活了下來。在樹上漂流了五天之後，她終於被一艘漁船救了起來。

生還者阿里·艾弗里扎被一波巨浪吸到海中時，正在蘇門答臘島的扎朗鎮上蓋房子。他靠著緊緊抱住一根原木，在第一天活下來。後來他爬上了一艘壞了的木船漂浮了一陣子，然後他又利用漂過的殘骸做了一個筏子。開始的時候，他搜集水裡漂浮的椰子果腹，但是好景不長，他回憶道：「有三天我什麼東西都沒吃到，那個時候我幾乎放棄了活下去的希望。」終於，在2005年1月9日，阿里被一艘輪船發現並救起。這時候他已經在海上漂流了整整兩個星期，離扎朗鎮有三百多公里遠。

這場2004年的大災難留下令人難以置信的死亡人數。據聯合國統計，這次印度洋海嘯導致23萬人死亡，是有歷史記載以來死亡人數最多的一次海嘯。另有幾十萬人受傷，超過100萬人失去了家園。

很多生存下來的人們也喪失了他們賴以生存的產業：農田被淹沒，漁船被損壞，商店和飯店都被摧毀了。這裡的居民花上幾十年時間也未必能使家園恢復昔日繁榮。

240公尺高的滔天巨浪

海嘯中蘊涵的科學

2004年印度洋海嘯後，在蘇門答臘島的班達亞齊，兩個男孩在海嘯蹂躪過的家中，尋找有什麼可撿拾的東西。

在2001年，澳洲的地質學家愛德華·布萊恩特就出版了一本書《海嘯：被低估的危險》，用這本書的書名描述當時的情形真是再合適不過了。如果說2004年的印度洋海嘯為人類帶來了什麼好處，那就是現在大多數人都開始正視並尊重海嘯的威力了。

海嘯的「觸發器」

所謂海嘯，是指大片水域（通常為海洋）的擾動所產生的一系列波浪。

「所有的海嘯都是由於海水發生了較大的移位而引起的。」阿拉斯加州帕默市的地質學家兼海嘯預報專家辛蒂·普瑞勒說：「海嘯是由外部事件觸發的，也就是說，各種不同的現象都可能（如地震、山崩、火山爆發等）引發海嘯，而其中地震引發的海嘯占多數。」

地下岩層斷裂的時候會造成地面震動，產生地震。如果地震的強度較大，並且發生地點位於海底下方或沿海地區，就會對海底造成擾動，從而引發海嘯。1964年，阿拉斯加的沿海地區發生了大地震，地震引發了美國歷史上最強烈的一次海嘯。這次海嘯奪去了100多人的生命，甚至在2700公里外的加州克雷申市都造成數人死亡。

「當數百萬噸的海水形成一波巨浪，而且一直延伸到地平線的盡頭，那大浪帶來的威力你簡直無法想像……」

丹·沃克博士，海嘯專家

這張難得的照片拍攝於2004年的大災難中，一道海嘯波浪剛通過拍攝者乘坐的船，正要猛烈襲擊泰國沿海的一個島。

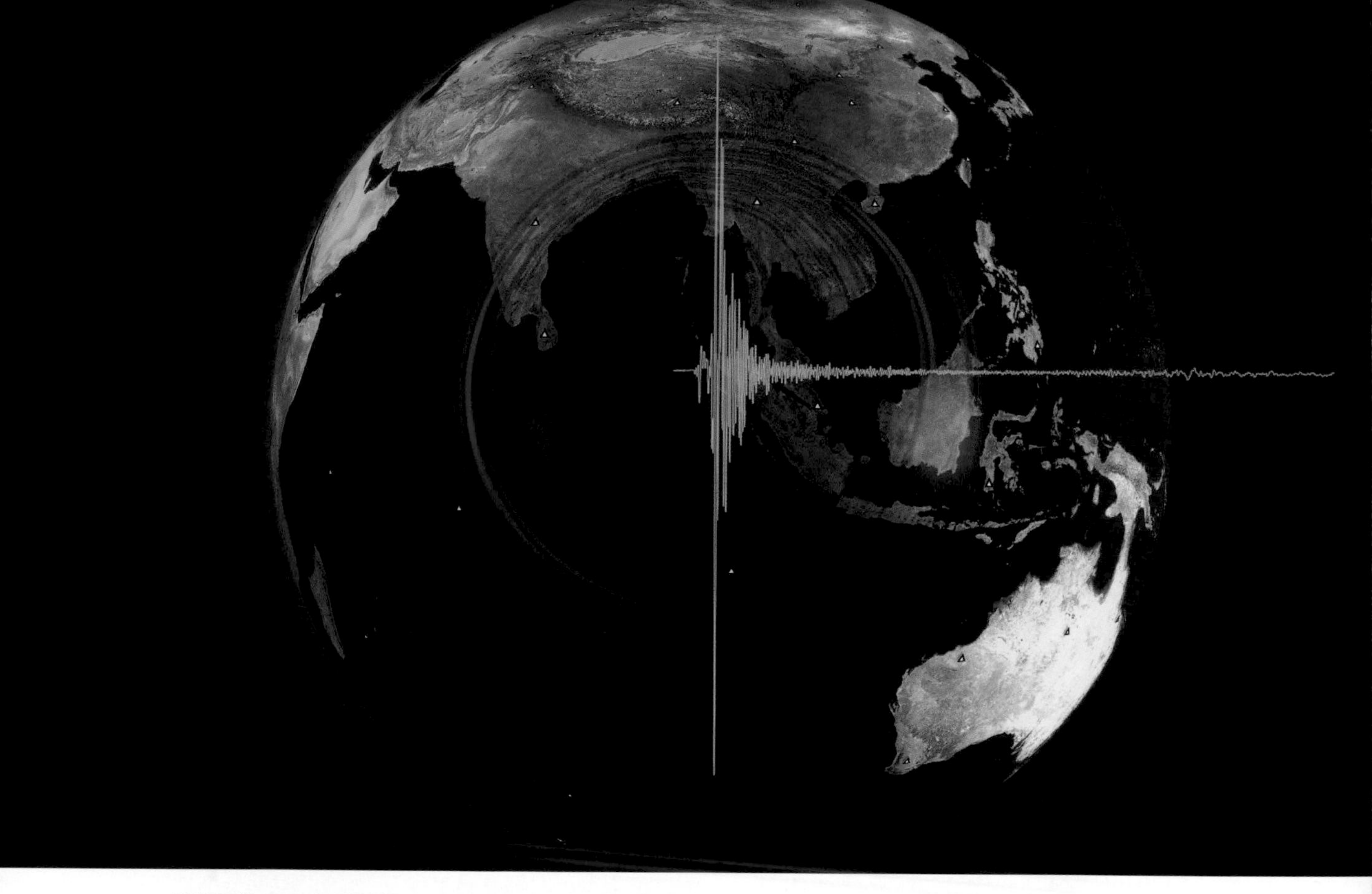

這幅圖為2004年引發印度洋大海嘯的海底地震地震儀記錄，環狀標記表示地震波傳播的範圍。

發生在島嶼上或海邊的火山爆發也可能擾動海水，引發海嘯。1883年，印尼喀拉喀托島上的喀拉喀托火山爆發了。這次爆發是人類有史以來目睹的最劇烈的火山爆發之一，引發的海嘯波浪竟有13層樓那麼高。

海底的山崩也會導致海嘯發生。「海底並不是平的。」辛蒂・普瑞勒解釋道：「海底到處都是山嶺和峽谷。」因此，海面下時常會發生山崩。1998年發生在海裡的一次山崩，觸發了浪高達9公尺的海嘯，導致巴布亞紐幾內亞3000人因海嘯喪生。

另外，從海邊的高山上三不五時滾下的巨型石塊或冰塊，落到海裡後會激起猛烈的波浪，也會造成海嘯。因為這類海嘯是由巨型物體跌落水中飛濺的浪花導致的，所以人們稱之為「飛濺海嘯」。歷史上最大的海嘯之一就是這樣發生的。

那是1958年7月10日的晚上，一艘漁船停泊在阿拉斯加的利圖亞灣，霍華德．烏爾里希和他8歲的兒子正在船上熟睡，忽然他們被一陣地震搖醒了。「當時船搖晃得非常厲害，」霍華德回憶道：「即使坐在船上，你也能感覺到這場地震的強度很大，而且持續時間較長。當時地震把離我們八、九公里外山上的岩石都震下來了。」

據估計，重達810億公斤的岩石和冰塊掉進海裡，濺起了530米高的巨浪——比台

「我們爬到屋頂上，緊緊抓住糊著焦油紙的瓦板。接著一個巨浪打了過來，一面巨大的黑色水牆，至少有12公尺高，向我們撲過來，隨後我們所在的屋子從一樓的地方與地基斷開，我們旋轉著、繞著圈兒、像彈珠那樣撞來撞去，同時只能用手緊緊抓著瓦板。」

道格．麥克雷，來自阿拉斯加州的蘇厄德，在1964年耶穌受難日海嘯中，他和家人爬上屋頂。在水裡不停打轉的房子後來被幾棵樹卡住後才停下來。

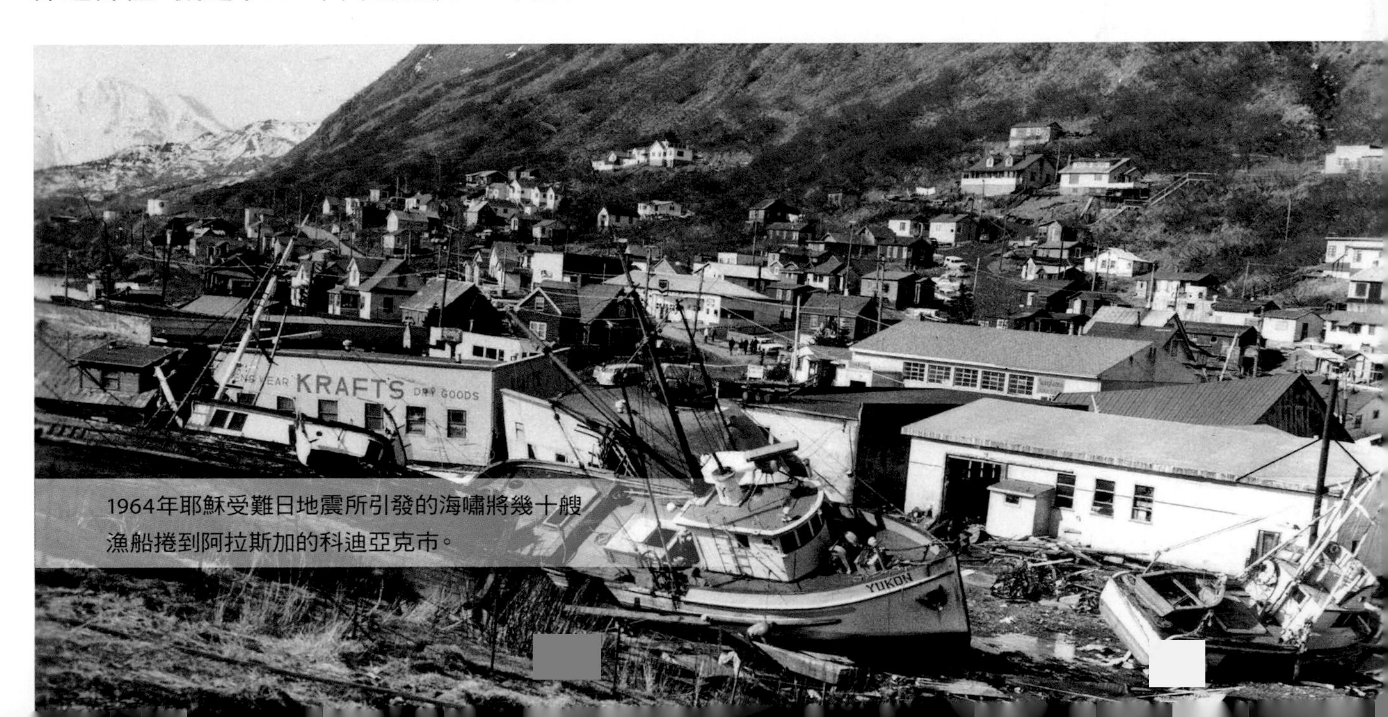

1964年耶穌受難日地震所引發的海嘯將幾十艘漁船捲到阿拉斯加的科迪亞克市。

直擊巨型海嘯

「山崩濺起了一波巨浪朝我們撲過來，後來估計說那浪有240公尺高。約4分鐘後它沖到了我們面前。雖然波浪在前進的過程中，高度會逐漸降低，但是，當它撲向我們的時候，至少還有約35公尺高。當巨浪將我們的船捲向岸邊時，我從船尾往下面望去，我們比下面的樹梢高約15公尺，感覺就像坐電梯似的。當波浪落下來的時候，它把我們帶離了岸邊，又帶回了深水海灣裡。另外一艘停在海灣的船消失在海浪裡，船上的夫婦失蹤了，之後再也沒有人見到過他們。」

霍華德・烏爾里希，描述他和兒子在利圖亞灣大海嘯中逃脫的經歷。

1958年7月的飛濺海嘯中，長在比利圖亞灣邊海拔518公尺處的大樹也被連根拔起。

北101還高22公尺。

偶爾彗星、小行星和大型隕石會撞擊地球。科學家們估計，在過去200萬年裡，有200～500個直徑至少上百公尺的天外物體墜落到地球上。科學家們認為，幾百萬年前，曾經有一個天外物體撞向地球，撞擊的力量非常大，因此造成大氣中有大量塵土遮蔽了陽光。陽光的隔絕，可能造成許多生物的滅絕，其中也包括恐龍。

剖析海嘯

大多數海嘯發生在太平洋及其沿岸地區，這是因為全世界有90%的地震和75%的火山都位於環太平洋火山帶（又稱「火環」）上，而這兩種自然現象是造成海嘯最主要的原因。當然，海嘯也會發生在印度洋、地中海和地球上的其他海洋裡。

「在這個世界上，幾乎每一處海岸線都可能受到海嘯的影響，不僅附近發生的海嘯會對其造成影響，甚至很遠的地方形

地震與海嘯

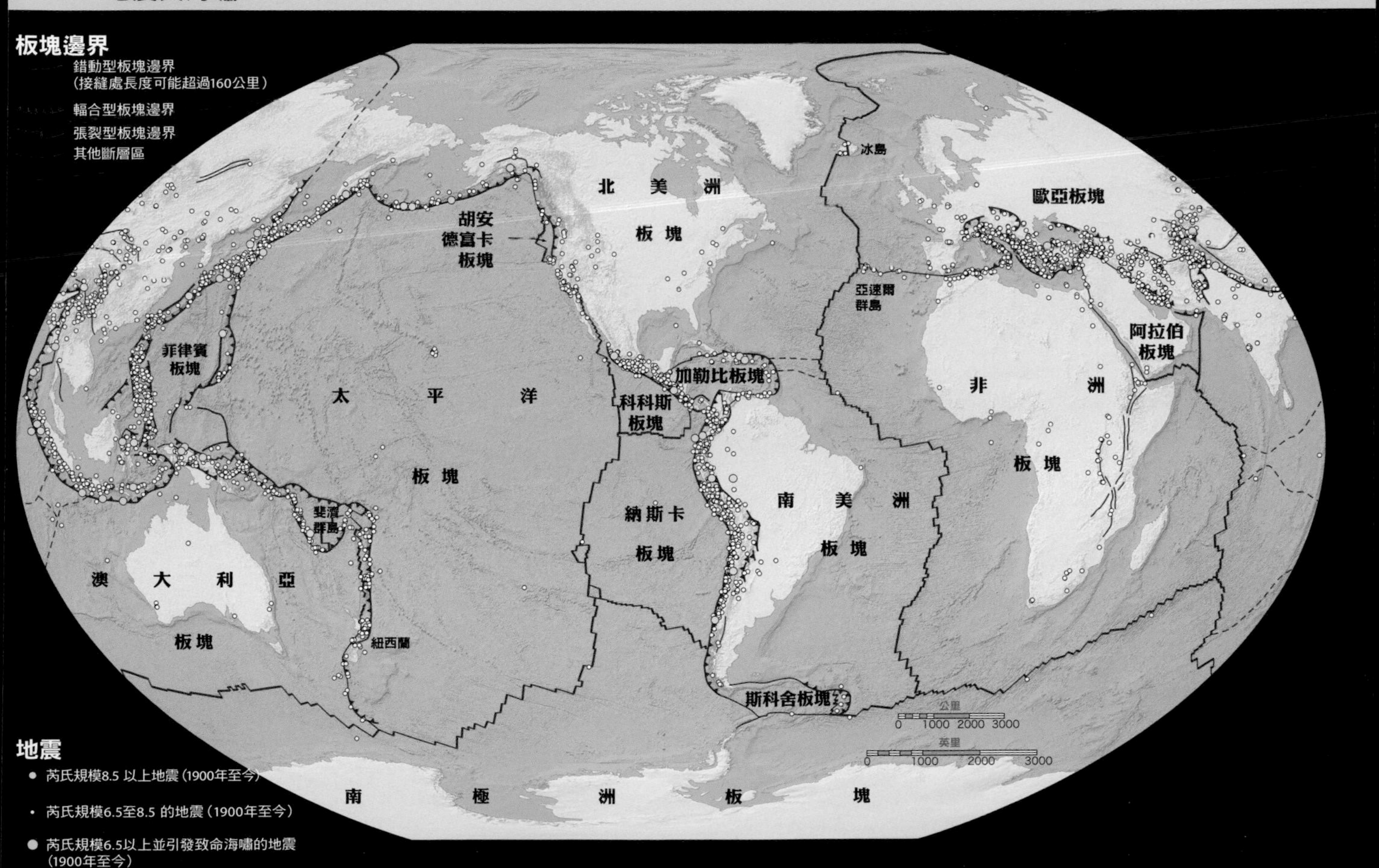

成的大海嘯也會對其有影響。」地質學家阿爾伯特·M.洛佩茲·委內加斯解釋說：「用美國的東海岸打個比方，它不僅會受到海岸線附近的海底山崩所造成的海嘯襲擊，而且加勒比海和歐洲區域發生的海嘯也能影響到它，甚至大西洋島嶼上火山噴發所引發的海嘯也能觸及它。」

對於海嘯，人們最大的誤解就是認為它只是一道波浪。「如果你把一粒石子扔進池塘，難道只有一圈波紋出現嗎？」海嘯專家普瑞勒說道：「與此類似，海嘯也是由一系列波浪組成的，這些波浪叫做**『海嘯波列』**。少於十道波浪的海嘯非常少見，通常海嘯都有幾十道大大小小的海浪，我聽過在一個特定地點波浪數量最多的有50道。通常前後波浪間隔10～30分鐘，具體

在俄勒岡州立大學，科學家在特製的波浪水池裡製造迷你海嘯。然後，他們會設計並測試能抗海嘯的房屋和橋梁模型。

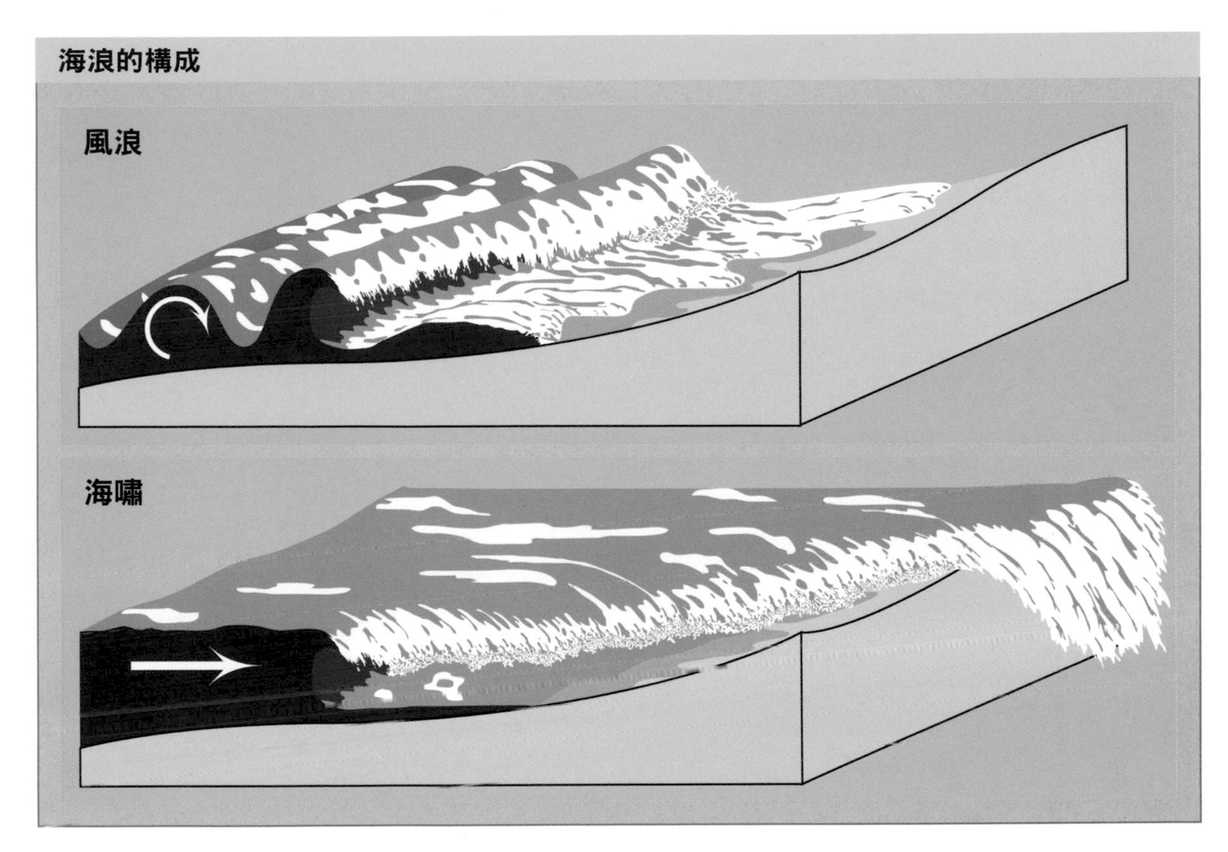

上圖顯示了一般的風浪是如何正常起起落落，下圖則展示了海嘯波浪是如何越過海岸線。有時海嘯波浪以洪水的形式淹沒海岸，有時則像一堵巨大的水牆沖向岸邊。

時間取決於當地海岸線的情況。一個海嘯波列可能持續超過20個小時。」

正如英國小女孩蒂莉·史密斯在地理課上學到的那樣，在海嘯到來之前，有時候海邊的水位會下降，稱為「**大退潮**」。夏威夷州檀香山的海嘯顧問丹·沃克博士對這種現象給出了簡單明瞭的解釋：「波浪有波峰，也有波谷，我們所說的大退潮就是波谷。」

大退潮和每天常規的潮汐完全不一樣，潮汐是指因月球和太陽引力而引起的海水漲落現象。沃克博士指 出：「海嘯引發的退潮非常迅速，通常水面在幾分鐘之內就會降下去，而潮汐的退潮則會持續好幾個小時。」

科學家們將海嘯波浪的高度稱為其「**振幅**」。在海洋中央，海底到海面的距離非常遠，有足夠的空間來容納多餘的水，海嘯波浪的振幅通常不會超過一公尺。「因為在遠離海岸的深海中，海嘯波浪有幾公里，所以當海嘯波浪在輪船下通過的時候，船裡的人們幾乎感覺不到海面有什麼變化。」沃克博士解釋說。然而，當海嘯波浪靠近海岸時，由於那裡的海水很淺，一道海嘯波浪會堆在一起，形成一面水牆，高度可達9公尺，甚至更高。人們對

直擊海嘯

「我在一條河流入海的堤岸邊被困住了，水衝擊著我的腿。我盡力穩住腿，使自己不要在已經被水淹沒、濕滑的石頭上滑倒。海嘯在河裡產生了不同尋常的水流，還形成了一個足球場那麼大的漩渦。河底的淤泥都被攪動起來了，河水變成了黑色，河裡腐爛植物的氣味開始蔓延。當海嘯波浪逆河流而上時，不斷沖刷著河邊沼澤地裡紅樹的枝葉，發出令人不安的噪音。

那次的海嘯波浪只有0.3～0.6公尺高。」

丹・沃克博士，描述他在夏威夷經歷的一次小型海嘯。

圖中顯示兩個海嘯波浪形成的漩渦，其中一個剛抵達海岸，另一個正從岸邊撤退。

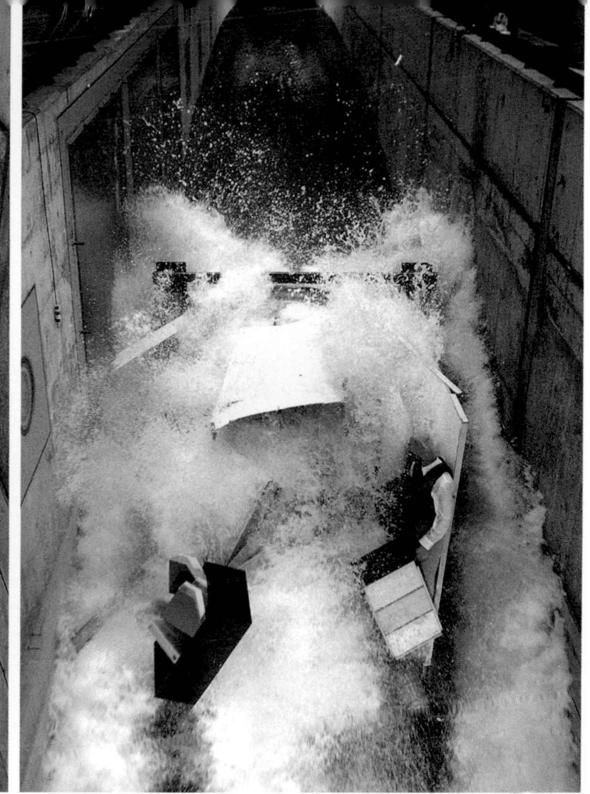

在日本進行的一項波浪水槽實驗顯示，當水結合了足夠的速度與體積時，會產生強大的殺傷力。

於海嘯還有另外一個誤解，就是認為在一個海嘯波列中，第一道波浪的高度最大。其實不然，海嘯波列中任何一道波浪都有可能是最高、破壞性最大的波浪。

當海嘯的波浪非常大時，即振幅約為40公尺或更大，這種海嘯就被稱為「**大海嘯**」了。1737年，一次海底地震引發了幾百年來波浪最高的地震型海嘯之一。這次巨型海嘯沖入俄羅斯西伯利亞的堪察加半島的時候，浪高達63公尺——不過這還只是1958年阿拉斯加利圖亞灣大海嘯高度的四分之一。

海嘯的移動速度快到讓人難以置信。普通的海浪是受風力推動向前緩緩移動的，最快也只能達到每小時80公里左右的速度，而在開闊的海面上，海嘯的速度可達到普通海浪速度的十倍。海嘯最快的速度約為每小時1120公里，「堪比一架噴氣

2004年的印度洋海嘯將這座印尼的小島海平面往上至海拔20公尺範圍內的植被全部沖走。

式戰鬥機的速度」，辛蒂·普瑞勒說道。

當海嘯波浪堆疊成「水山」沖到海岸時，海嘯波浪因為與地表之間有摩擦，海嘯的速度會降低到大約每小時64公里。世界上跑得最快的人也只能在短距離內跑出每小時40公里的速度。這就意味著，一旦海嘯近在咫尺時，人們就無法以比海嘯更快的速度逃脫。要擺脫海嘯，唯一的辦法就是在海嘯到來之前撤離。

海嘯如何導致傷亡及造成破壞

即使到了2004年，瞭解海嘯的人仍然很少，知道海嘯預兆的人就更少了。海嘯常識的缺乏是這次印度洋海嘯造成死亡人數如此之多的重要原因之一。比如，在地震之後，很多海灘都發生了大退潮的情況，數以千計的遊客走到海灘上去觀賞退潮的景象，甚至下海為退潮之後露出來的海底拍照片。對很多人來說，這是他們這輩子做的最後一件事。因為海嘯很快就到來了，將他們捲入死亡的深淵。

「當你在一面2.4公尺高的水牆前死裡逃生的時候，你再也不會懷疑海洋的力量了！」

珍妮·布朗契·強斯頓，1946年夏威夷海嘯的倖存者。

事實上，海嘯有兩次機會可以將人溺死，第一次是海嘯波浪從海裡沖入陸地的時候，第二次是海嘯波浪從陸地撤回到海裡的時候。之前提到的生還者馬拉瓦提·達烏德和阿里·艾弗里扎都逃過了最初的海嘯波浪，卻在洪水退去的時候被捲入印度洋幾乎溺斃。

但是很多在海嘯中喪生的人並不是被淹死的。一立方公尺的海水重達1025公斤，而一層海嘯波浪裡就含有幾百萬立方公尺的海水。不斷移動的海水，以及裹挾在其中的樹枝、汽車、石頭、房子碎片和家具等，其衝擊力就能將人砸死。

在1983年的日本海海嘯中，海嘯波浪就展示了一下自己的威力。當時海浪捲起了一大塊重量超過90公噸的混凝土塊，將它在沙灘上推了足足有150公尺，中間還越過了高達6公尺的沙丘。

儘管平時水是用來滅火的，但是在海嘯中常常發生火災。海嘯波浪會撕裂汽油桶及其他裝有易燃液體或氣體的容器。當這些桶子互相碰撞，或者正好周圍有火花或電線時，這些易燃物就會著火甚至爆炸。在1964年阿拉斯加地震中，地震導致蘇厄德市的油桶發生爆炸，海嘯波浪上形成了油膜，燃起了火，熊熊大火隨著波濤在蘇厄德市蔓延開來。

在下一節，我們會介紹歷史上一些造成重大損失的著名海嘯。

到處都成了汪洋大海

歷史上的著名海嘯

1946年，阿拉斯加阿留申群島附近發生的地震引發了一場海嘯，海嘯襲擊了3700多公里外的希洛（位於夏威夷），造成建築物損壞。在這張難得的照片裡，可以看見遠處襲來的巨浪，這是拍攝者轉身逃命之前拍的最後一張照片。

在有歷史記載之前發生的海嘯稱為古海嘯。地質學家透過古代海洋性洪水的證據來瞭解古海嘯，包括可能造成恐龍滅絕的一次古代大海嘯。不過地質學家還是對近幾個世紀所發生的海嘯知道得較多。

「我們被一陣很響的嘶嘶聲驚醒了，那種聲音聽起來就好像有幾十輛蒸汽火車在我們門外噴著蒸氣。我們一躍而起，衝到窗子前，抬頭望去，原來海灘全部變成了水的世界，海水直奔我們的房子而來。」

地質學家法蘭西斯．謝帕德，描述1946年夏威夷的愚人節海嘯。

日本的兩次海嘯：1771年和1792年

在過去的13個世紀裡，日本遭受了大約200次海嘯的襲擊，比同一時期世界上其他任何國家都要多。日本最早記載的海嘯發生在西元684年，日本歷史上最具破壞力的兩次海嘯發生在一千多年以後的18世紀，死亡人數超過2011年東日本大地震導致的海嘯（超過1.1萬人死亡）。

1771年4月，在現屬日本的沖繩島附近海底發生了一場強烈的地震。不過儘管這次地震的強度很大，根據記載卻沒有人員因地震死亡。然而，地震引發了海嘯，從當時的記錄來看，海嘯波浪的高度超過30公尺。這些滔天巨浪襲擊了日本多個島嶼，導致1.2萬人死亡。不僅如此，海嘯還毀壞了農作物，造成疾病爆發，又導致了數千人死亡。

20年後，也就是在1791年年底，日本九州的雲仙火山開始發生地震。次年初，雲仙火山爆發，熔岩噴湧而出。1792年5月21日，或者由於火山的噴發，或者由於持續的地震，或者是兩者的共同作用，雲仙火山有一部分崩塌了，引發了山崩。滑落的山體前進了6.4公里後落入大海，結果濺起了巨大的海浪，產生了一次大海嘯。估計有1.5萬人死於這場災難，其中三分之二死於海嘯，其餘的人死於山崩。

「滔天巨浪」：1868年的祕魯和智利海嘯

1868年8月13日，太平洋海底發生了劇烈的地震，震央位於如今智利和祕魯的邊界附近。地震導致阿里卡市損壞嚴重，當時阿里卡屬於祕魯，不過今天已經是智利的一部分了。

地震後還不到半個小時，海嘯波列開始衝擊智利和祕魯的沿海住宅區。海嘯波列的第二道海浪尤其可怕，沖上岸的時候有27公尺高。在阿里卡市，地震和海嘯共導致約2.5萬人喪生。

海嘯還捲走了停靠在阿里卡港口的船隻，其中一艘美國海軍軍艦「弗里多尼亞號」被海嘯波浪拋向懸崖，撞得粉碎，船上29名船員中只有2人倖免於難。

這次地震及隨之而來的海嘯，共造成祕魯和智利沿岸地區7萬人死亡，是南美洲歷史上最嚴重的自然災害之一。此外，這次海嘯波及的範圍非常廣，不僅襲擊了距地震地點9600公里遠的夏威夷，還波及到位於阿里卡市12800公里外的紐西蘭。

「我們拼命地跑，走別人家後院的近路，只想離大海越遠越好。後來我們終於在無線電塔附近停了下來，我爬上了一棵樹，看到一個巨浪正淹過一根電線杆。到了下午，我們才開始往回走，映入眼簾的景象真是觸目驚心：房屋被沖毀了，樹木被連根拔起，到處散落著扭曲的家具、大石頭，還有屍體。」

珍妮·布朗契·強斯頓，回憶她6歲時在夏威夷愚人節海嘯中的生還經歷。

「我立刻轉身開始逃命」：1883年喀拉喀托海嘯

1883年8月27日，印尼的喀拉喀托火山在強烈的噴發中發生了爆炸，爆炸的巨響

直擊海嘯

天已經黑了一段時間，瞭望的人報告說，一波海浪正向我們奔過來。我們透過夜色往外望，看到了一條朦朦朧朧的細線，這條線彷彿越來越高，越來越高。我們擔心受怕了幾個小時的巨浪現在來了。

我們什麼都做不了，只能眼睜睜地看著可怕的巨浪離我們越來越近。隨著一陣可怕的轟隆聲，巨浪把我們的船埋進了一半是水、一半是沙的水沙混合物中。我們在這令人窒息的環境中彷彿待了一個世紀。後來，我們的「沃特里號」終於呻吟著從水沙混合物中沖了出來，船員們還都牢牢抓著船上的欄杆，大口喘著粗氣。

環顧四周，我們發現自己在離海岸3公里遠的陸地上。這個巨浪竟然以驚人的速度帶著我們的船越過岸邊的沙丘，穿過峽谷，還越過了鐵路。如果巨浪再帶我們向前沖55公尺，我們就會在山壁上撞個粉碎。

1868年海嘯發生時，另一艘美國海軍軍艦「沃特里號」也停在阿里卡港口。**L·G.比林斯**上尉把自己的經歷記錄了下來。

海嘯後的「沃特里號」

在4800公里外都可以聽到，爆炸將火山灰雲射到80公里高的空中。喀拉喀托島的大部分地方都被摧毀了，幸運的是，島上並沒有人居住，所以沒有人員傷亡。然而，喀拉喀托火山卻以另外一種方式奪去了許多人的生命。

火山爆發引發了海嘯，海嘯波浪以480公里的時速直奔印尼的爪哇島和蘇門答臘島。海嘯的波浪有39公尺高，力量非常大，一路上捲起了總重達5000公噸的珊瑚，一直帶到岸上。

當時，印尼的很多地方還在荷蘭統治下。後來，一位荷蘭領港員這樣講述海嘯巨浪襲擊爪哇島安哲羅鎮時的情景：

剛開始的時候，那些波浪看起來像是一排小山從海面上升起來。我又仔細看了一眼，才發現原來是一面高高的水牆，於是我立刻轉身開始逃命。短短幾分鐘之後，我聽到了海浪拍打海岸的轟鳴聲。接著，海浪把我捲了起來，向內陸方向推去。

波浪掃過之後，我發現自己正緊緊抱著一棵椰子樹。小鎮附近的大多數樹都被連根拔起，被海浪拋到了幾公里之外。謝天謝地，這棵樹和我都倖免於難。

巨浪不斷地往前沖，不過它的高度和力度在逐漸減少。一直沖到安哲山後面的山坡，巨浪的狂怒才算發洩完。這時海水開始逐漸退下去，重新流回大海。我緊緊地抓著那棵椰子樹，渾身濕透，正感覺筋疲力盡的時候，我看到許多朋友和鄰居的屍體從下面漂過。只有極少數人在這次海嘯中活了下來，曾經那麼生機勃勃的鎮子就這麼一去無回，幾乎連一點過去的痕跡也沒有留下來。

喀拉喀托海嘯摧毀了爪哇島和蘇門答臘島上大約200個城鎮和村莊，導致將近3.6萬人死亡。在2004年印度洋大海嘯之前，喀拉喀托海嘯是世界上造成死亡人數最多的海嘯災難之一。

「我們拔腿就跑」：1946年阿拉斯加和夏威夷海嘯

夏威夷群島位於太平洋的中心，經常遭受海嘯的襲擊。阿拉斯加及其阿留申群島位於太平洋火環的活躍地帶，也屬於海嘯災難頻發區。美國歷史上最大的海嘯災難之一發生在1946年，那時阿拉斯加和夏威夷雖然已經屬於美國的領土，但還未獲得州的地位。

在阿拉斯加的阿留申群島中有一個小島叫烏尼馬克島，4月1日淩晨，距這個小島約160公里遠的海底發生了一次大地震。這次地震又引發了海嘯波列。在地震發生幾分鐘後，30公尺高的水牆撲向烏尼馬克島，島上的燈塔被擊得粉碎，5名海岸警衛隊隊員全部遇難。

阿拉斯加地震所引發的海嘯波浪，以800公里的時速在太平洋上快速推進。第一波巨浪於4個半小時之後穿越3700公里，抵達夏威夷群島。將近17公尺高的巨浪重創了夏威夷群島，島上的民宅、旅館、馬路、橋梁、鐵路和汽車都被沖毀。

在海嘯波浪形成的水山向岸邊逼近的時候，早些發現的人們奔相走告，提醒鄰居趕快離開，所以許多人都逃到了高處。

然而，不巧的是，這一天正好是愚人節，所以有些人以為這些警告只是玩笑，並沒有當真。直到今天，夏威夷人仍稱1946年4月1日發生的這場海嘯為「愚人節海嘯」。

夏威夷歐胡島的北部受海嘯襲擊非常嚴重。海洋地質學家法蘭西斯．謝帕德和妻子當時住在那裡，差點在海嘯中丟掉性

THOUGHT ALERT WAS OVER

Disaster Struck Crescent City After 1st Wave

By PETE BRUNK
Radio Station KPRY

CRESCENT CITY, Cal. (AP)—Crescent City is almost a complete ruin. The business district is destroyed.

Automobiles are piled on top of each other, under buildings and on top of buildings.

Deputy Sheriff Sheldon Beaver and I have counted 16 bodies. There are scores of persons missing. Bodies are washing up on the beach.

I saw a boat with seven persons aboard tossed upside down in the bay. Two bodies have washed ashore and deputies with grappling hooks are trying to get others out of the debris which strews the water in an incredible flotsam of timber.

Buildings have been moved off their foundations. Some have toppled. Others have disintegrated and have been washed into the bay.

Men are hunting their wives. Women are hunting their husbands. The searchers in many cases last saw their loved ones being borne away on a wave of water.

Mason Hillsbury said he, his wife, two men and another women were at the side of their home when another tidal wave struck. He managed to cling to the building, but the others were swept away.

People weren't prepared for what happened. Communications had been damaged by an earthquake and regular disaster warnings didn't come through. People heard on the radio a tidal wave was due at 12:15 a.m., but when that one came, it was slight. Everyone breathed easier and started returning to their homes.

They were caught by surprise when, at 15 minute intervals, other waves started piling in.

These increased with intensity until a 10-foot high crest poured into town, tossing automobiles into the air, carrying some people from their beds and overpowering buildings.

Mayor William Peepe has just told Gov. Edmund G. Brown he places property damage at $35 to $40 million.

History's Worst Quakes

By The Associated Press

The last major earthquake before the Alaska tremor was one that took about 80 lives in Kashmir Valley, near Srinigar, Kashmir, last Sept. 2.

Six weeks previously, an earthquake at Skopje, Yugoslavia, killed more than 1,000 persons and injured another 2,000.

The San Francisco quake of 1906, the only other major one in the United States, took 452 lives.

The major quakes of the 20th Century and the reported dead:
Messina, Italy, 1908, 75,000.
Avezzano, Italy, 1915, 29,970.
Kansu, China, 1920, 180,000.
Tokyo, Japan, 1923, 143,000
Kansu, China, 1932, 70,000.
Quetta, India, 1935, 60,000.
Erzingan, Turkey, 1939, 23,000.
Agadir, Morocco, 1960, 12,000.
The worst recorded quake was in China in 1556. It reportedly killed 830,000 persons.

Animals Sensed It

TACOMA, Wash. (AP) — Birds and animals in the Point Defiance Park zoo here signaled the Alaska earthquake Friday night with a deafening din—1,500 miles from Anchorage.

"I was on our porch overlooking the zoo ... when suddenly there was a tremendous uproar in the zoo," said J. H. McEmanmin.

"First it was the ducks and geese. Then the lions, coyotes and all the rest joined in."

A tidal wave caused by the Alaskan earthquake washed into Port Alberni, B.C., causing this car to upend and wedge its front into a drainage gutter at the base of [illegible] (AP Radiophoto)

Stronger Than S.F. Quake

NEW YORK (AP) Seismograph instruments all over the world went off scale when the main shock of the Alaska earthquake reached them.

(University of California seismologist Michael Blackford said the earthquake was "equal in magnitude to the most powerful quake ever recorded in North America." UPI reported.

(Blackford said Friday's temblor measured about 8.5 on the Richter scale. A reading of 5 is considered adequate to cause damage in heavily populated areas.)

The San Francisco quake was measured at 8.25.

"There's no question it was at least comparable to the San Francisco earthquake in magnitude," reported the Rev. Joseph J. Lynch of Fordham University, New York City.

"We picked up the main shock at 10:44 p.m. Friday night," said Father Lynch, "and estimated the center at being 3,400 miles northwest of New York. It is difficult to say what the magnitude was because our recording devices were too sensitive and went off scale."

A similar effect on recording equipment [illegible] Lamont Observatory in New York, who said this unquestionably happened to highly sensitive seismographic equip[illegible]t all over the world.

"We haven't all the records as yet," Sutton said, "but the visible record indicates a probability that this may have a reading of 8.7, the maximum recorded on the Richter scale. This would be of greater magnitude than the 1906 earthquake at San Francisco.

The other phenomenon connected with the earthquake has been called a tidal wave. But seismologists said this is a misnomer.

"Those waves have nothing to do with tides. They are properly called tsunami, which describes the movement of masses of water as a result of such things as an earthquake," said Sutton.

WASHINGTON (AP)—Japan has expressed its "profound sympathy" over the death and destruction in Alaska's earthquake. A note from Japan's ambassador, Ryuji Takeuchi, to Secretary of State Dean Rusk was delivered to the State Department.

People Screamed, Ran in Panic As Water Poured Into Town

PORT ALBERNI, B.C. (UPI)—Larry Reynolds, 15, son of Alderman Garnet Reynolds of this Vancouver island community, told newsmen Saturday how tidal waves struck the area following the Alaska earthquake.

"People screamed and men began running toward me.... The second wave was in the streets," Reynolds said.

"It covered cars, crashed into stores and buildings, toppled a power line.... It was fantastic ..then I was running too," he added.

There were no reports of fatalities, but scores of persons were separated from their families as they fled to higher ground.

The waves wrecked the main floor of the 70-room Barclay Hotel, and a dozen tenants of the hotel were forced to flee to the top floor. They were evacuated in boats by police.

Some 300 homes in low-lying areas were inundated.

At an auto court, six units were lifted from their foundations and knocked into the water. Two houses, disappeared into the swirling Somass River.

A Japanese freighter, the Meishusan Maru, broke loose from its dockside mooring and was swept onto mud flats.

Lumber barges with thousands of feet of lumber, log booms, floats and debris, were tossed ashore and left high and dry.

Two Shell Oil Co. gasoline tanks were ruptured, and police placed a no-smoking ban to prevent fire.

Queen Sends Sympathy

LONDON (UPI) — Queen Elizabeth Saturday sent a message to President Johnson expressing sympathy over the Alaskan earthquake.

The message:

"I and my husband have learned with great distress of the disastrous earthquake in Alaska and the severe damage that has been caused to life and property. I send to you, Mr. President, my deep sympathy and that of my people in this tragic event."

Belt Spawns Most Destructive Quakes

SEATTLE, Wash. (UPI)—The area in which earthquakes in Alaska took place Friday night—generally the semicircle that arches around the top of the Gulf of Alaska—is known to seismologists as part of the "Circumpacific Belt."

This is part of a ring around the Pacific Ocean in which most of the world's destructive earthquakes have occurred. There is nothing like it in the Atlantic.

The belt generally includes the Japanese islands, the Aleutians, the south-central fringe and southeastern panhandle of Alaska, the British Columbia coast, Washington down through the Puget Sound region, California, the west coast of Mexico and the west coast of South America down through Chile to Tierra Del Fuego.

"The last great earthquake in this belt was the extremely destructive one in Chile in May, 1961," said Dr. Frank Press at Pasadena, Cal., director of the Caltech Seismological Laboratory who was here Saturday.

"It's just a fact of nature that earthquakes occur in this belt," he added, saying that seismologists do not know what causes so much earthquake activity in this area.

Pacific Stars & Stripes 5
Monday, March 30, 1964

1946年愚人節海嘯發生後的第18年，阿拉斯加再次發生強烈地震，地震引發了1964年耶穌受難日海嘯。圖為美國軍報《星條旗報》中的一頁，描述了這次海嘯造成的破壞。

命，他後來回憶說：

我們拔腿就跑，沿著海灘脊跑向地勢較高的公路。我們在前面跑，另一波巨浪從礁石上席捲而來。巨浪不斷升高，變成一堵巨大的水牆，在一

愚人節海嘯摧毀了希洛（位於夏威夷）的建築物。

陣可怕的嘈雜聲中，一塊甘蔗田被夷為平地。我們剛剛跑到地勢較高、較為安全的公路上，這波海浪就淹沒了我們剛跑過的地方。

終於，6道波浪過去了，波浪的力量越來越小，這時候我決定回家看看能不能搶救出一些東西。然而，我剛剛走到屋子門口，猛然發現一大片來勢洶洶的水正向這個地方壓過來。我趕忙爬上身旁的一棵樹，拼命往上爬。隨著波浪的衝擊，樹晃來晃去，我緊緊地抱住樹。這道波浪很快平息下來，後來儘管又過來了好幾道波浪，但和這道波浪相比都很小。

這次海嘯在夏威夷群島造成至少159人死亡。夏威夷大島上的希洛市損失最為慘重，有96人在海嘯中喪生，海邊商業區幾乎全部被沖毀。

除了阿拉斯加和夏威夷之外，海嘯還襲擊了智利沿海，以及美國華盛頓州、俄勒岡州和加州的沿海地區。在加州的聖克魯茲市，有一人被海嘯淹死。最後加起來，愚人節海嘯至少導致165人死亡。

「我的手臂裡竟然是空的」：1976年菲律賓海嘯

位於太平洋的島國菲律賓也經常遭受地震和海嘯的侵襲。1976年8月17日，剛過淩晨一會兒，菲律賓民答那峨棉蘭老島附近的海底發生了強烈的地震。民答那峨島是菲律賓七千多個島嶼中的第二大島。這次海底地震引發的海嘯波浪襲擊了民答那峨島和菲律賓的其他幾個島嶼。

這次海嘯的波浪並不是很高，最高的波浪只有4.5公尺。不過，這次海嘯的襲擊速度卻令其他海嘯望塵莫及。地震過後剛5分鐘，第一波海嘯波浪就沖進了菲律賓的沿海地區。因為海嘯來得過於突然，並且當時正值午夜時分，所以沿海的居民對此毫無準備。這次海嘯導致民答那峨島上的城市大規模毀壞，12個漁村被毀，數千人死亡。

直到海水退去，大約有8000人死亡或失蹤，其中90%的人是被海嘯沖走的，其餘的人則死於地震。這次地震海嘯災難還導致10萬人無家可歸，是菲律賓歷史上最致命的自然災害之一。

「所有人都在哭喊，警告有一道大浪朝我們來了。我努力把五個孩子都抱在懷裡。海浪把房子連帶我們都捲了起來，忽然我發現自己的手臂裡面竟然是空的。我想大聲喊出我的悲苦，可是卻一點聲音也發不出來。就在那個時候，我看見了我的小女兒，她小小的手指正消失在水裡，揮動著乞求那沒有到來的救援。」

格洛麗亞·比坦卡，在接受《時代週刊》採訪時講述自己的悲慘遭遇。

第四節

出其不意的海嘯

海嘯警報與安全

工作人員乘坐美國國家海洋和大氣管理局（NOAA）的「羅奈爾得·H.布朗號」考察船在太平洋上放置DART浮標。

嘯專家有一種說法：「如果你看到海嘯，那就已經太遲了。」近幾十年來，科學家在海嘯來襲之前的監測與預警能力已經有了長足的進步。

當監測到可能引發海嘯的地震時，西海岸和阿拉斯加海嘯預警中心的專家們會在世界範圍內發布海嘯警戒與警告。

「我們監視著地球的脈搏……」

辛蒂．普瑞勒，海嘯專家

海嘯預警系統

1946年愚人節海嘯災難發生之後，美國為夏威夷建立了一套海嘯預警系統，其總部叫做太平洋海嘯預警中心，位於夏威夷檀香山附近。1964年阿拉斯加海嘯後，美國又為阿拉斯加建立了一套海嘯預警系統，總部稱為西海岸和阿拉斯加海嘯預警中心，位於阿拉斯加州的帕默。多年來，這兩個預警中心的負責範圍有了很大的擴展，現在，它們不僅警告人們可能襲擊夏威夷、阿拉斯加、美國其他沿海地區和加拿大沿海地區的海嘯，而且還提醒人們可能出現在太平洋、印度洋和加勒比海沿海地區的海嘯。

除了上面提到的兩個海嘯預警系統，現在世界上還有其他數個海嘯預警系統。國際太平洋海嘯預警系統，是在夏威夷的太平洋海嘯預警中心的基礎上建立起來的，為太平洋及其沿岸20多個國家提供海嘯資訊。這些國家包括澳洲、加拿大、智利、中國、瓜地馬拉、印尼、日本、墨西哥、菲律賓、台灣和美國等。日本作為遭受海嘯襲擊最嚴重的國家，自己建立了一套海嘯預警系統，稱為日本海嘯預警系統。由太平洋上約120個島嶼組成的法屬波里尼西亞，也建立了自己的海嘯預警系統。此外，智利也有自己的海嘯預警系統。

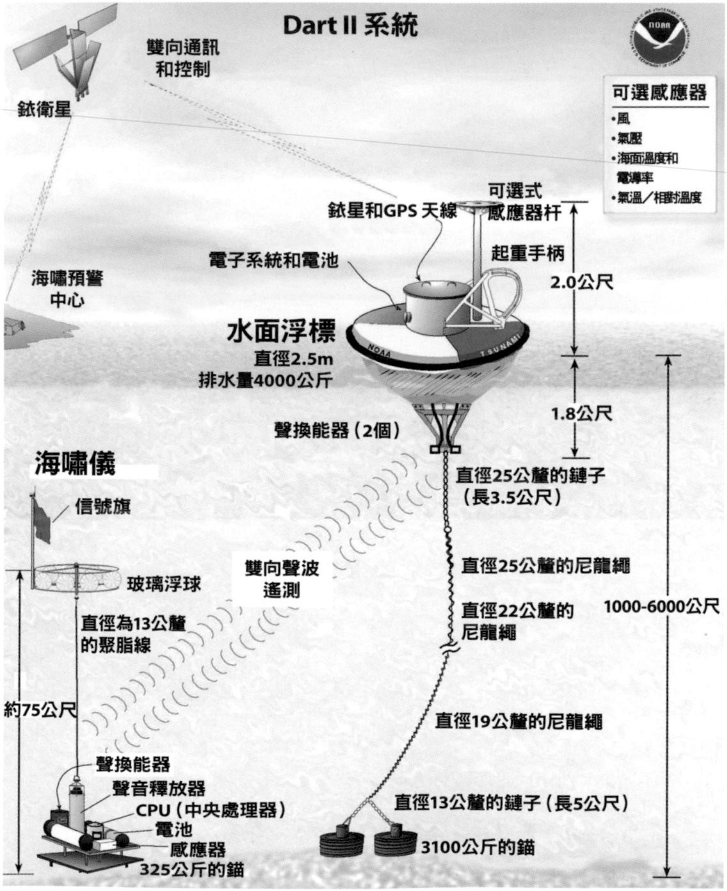

DART是海嘯深海評估與預報系統（Deep-ocean Assessment and Reporting of tsunamis）的縮寫，是美國建立的海嘯預警系統。當海嘯波浪在開闊水面上移動時就可被DART即時監測到。

預警中心接收設置在世界各地的地震儀發來的資訊。地震儀是探知並測量地震的儀器。當地震儀顯示在海底或沿海地區有強烈地震發生時，預警中心就知道海嘯可能很快就會襲擊沿海地區。

但是在向地方政府發出海嘯警報供其決定是否疏散沿海居民之前，預警中心還需要知道其他資訊，如這次地震真的引發海嘯了嗎？海嘯波浪向哪個方向前進？我們又如何得知火山爆發、海底山崩及其他現象引起的海嘯？科學家發明了各式各樣的方法來搜集這些資料。

當海嘯在海洋裡移動時，它會引起海水高度發生輕微的變化。科學家在海洋裡放置一些測量儀器，海嘯預警中心依靠這些儀器來監測海水的高度。例如，美國有一種放置在海底的海嘯儀，當有海嘯經過時，此處的水量增多，水壓就會上升。深海壓力探測儀會測量出海嘯導致的壓力增加量，然後將資料發送給海面上的浮標。浮標會繼續將資訊傳送給繞地球旋轉的衛星，衛星接著將資料發送到海嘯預警中心。此外，預警中心還會接收來自驗潮儀的資訊。驗潮儀是一種安裝在島嶼和大陸沿海地區的儀器，用來監測海平面的變化。

海嘯預警中心會發布關於海嘯的通告，這種通告和龍捲風及颶風通告非常相似。通告有不同的等級。「海嘯警戒」意味著有可能發生海嘯，人們需要進一步留意之後的提示。如果發出「海嘯警告」，則是指發生海嘯的可能性很大，警告裡會告知海嘯可能襲擊的地點，這時候居民就應該迅速撤離。海嘯預警中心將海嘯通告通過傳真、電子郵件、電話及其他方式通知當地的政府機構，政府機構最終決定是否有必要疏散居民。然後，電臺和電視會向公眾發佈海嘯的消息，並給出行動建議。一

2006年5月，菲律賓和其他20多個國家一起參加了太平洋海嘯疏散演習，演習的目的是測試海嘯預警系統及人們對該系統的反應。圖為菲律賓村民正從家中撤離，圖中的標誌上寫著：「海嘯——沿著箭頭可到達安全地點」。

些沿海居民區還會拉響警報或利用公共廣播提醒居民撤離。例如，當接到通知會有海嘯來襲時，夏威夷州、俄勒岡州和泰國的居民區會拉響警報，有一些城市甚至會在平時舉行「海嘯演習」，這樣真有海嘯到來時，人們就不會驚慌失措。

海嘯預警系統已經在夏威夷群島、日本和其他地區拯救了很多人的生命，不過，還是有很多人死於海嘯。2004年印度洋大海嘯發生之前，當地大部分地區都沒有收到海嘯警報。因為與太平洋地區不同，印度洋當時還沒有建立海嘯預警系統。如果

海嘯深海評估與預報系統（DART）的位置圖

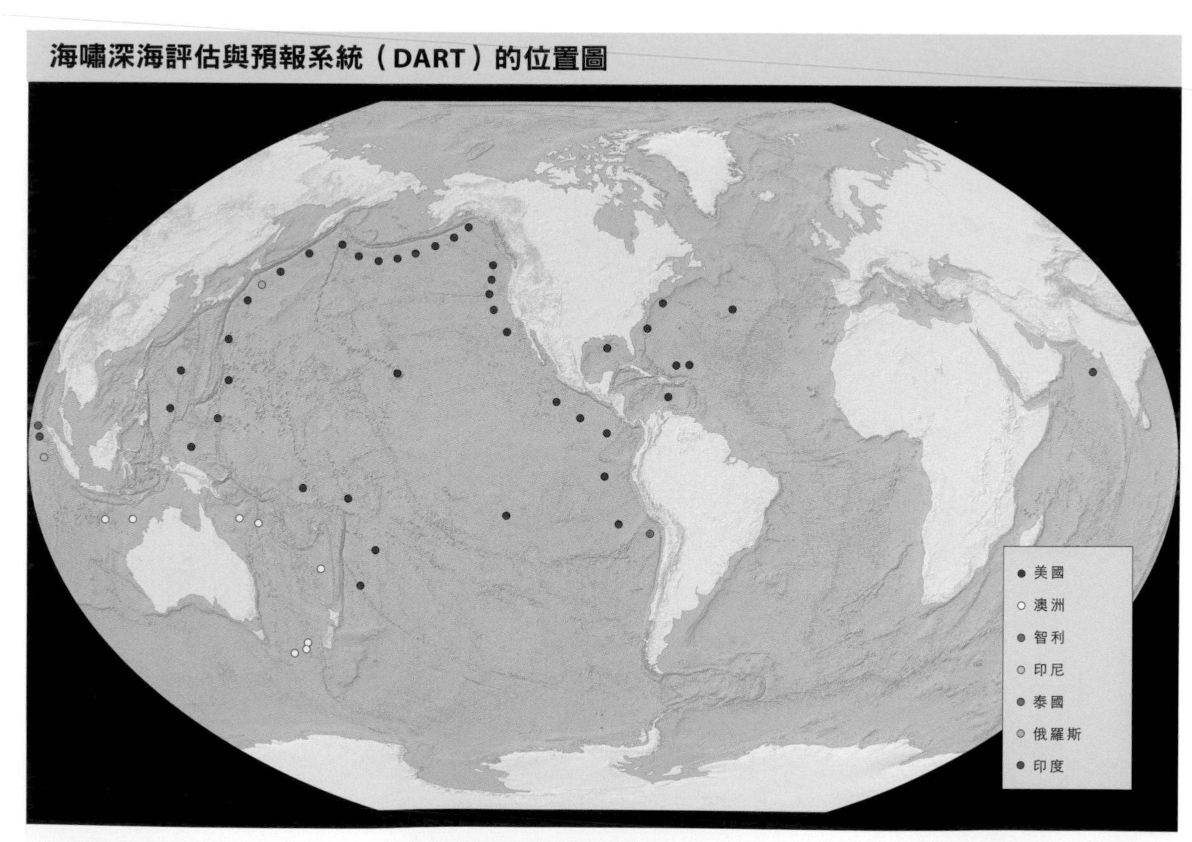

目前海嘯深海評估與預報系統（DART）網路的監測浮標共有39處，加上其他國家的海嘯監測浮標，全球共計有53個監測台監測著海嘯的發生。

當時在印度洋設置了海嘯預警系統，那麼數萬人就有可能逃脫厄運。印度洋大海嘯發生後不久，在聯合國的指導下，印度洋沿岸的27個國家開始為該地區建立一個海嘯預警網路，即印度洋海嘯預警和減災系統。該系統於2006年年中開始運作，並以位於夏威夷的太平洋海嘯預警中心作為臨時總部。不過，直到2008年，印度洋海嘯預警和減災系統還需要進行更多的改進，才能正常運作。

動物的本能——大自然的警告

在人類意識到即將發生自然災害之前，動物可能已經感覺到了。許多目擊者報告說，很多動物在2004年海嘯到來之前出現過反常的行為。

在海嘯波浪襲來之前，正在斯里蘭卡一家國家公園裡參觀的遊客看到三頭大象朝地勢較高的地方跑去。而在印度的一個野生動物保護區裡，在海浪來之前，火烈鳥出人意料地飛到高處躲起來。還有很多寵物狗的主人後來提到，發生海嘯的那一天，他們的狗拒絕到每天都去的海邊散步。另外，在海嘯發生前，蝙蝠和動物園裡的動物也都表現出反常行為。

動物的聽覺、嗅覺和觸覺非常靈敏，所以牠們可能察覺到了一些非比尋常的事情即將發生。例如，大象的腳部骨頭非常敏感，所以它們可能會感受到洶湧波濤所產生的振動。再比如，養狗的人都知道，狗的聽力要比人類好很多。

「在自然災害來臨的時候，相信動物是非常明智的選擇。」海嘯科學家辛蒂・普瑞勒建議說：「如果我的狗忽然恐懼地看著大海，或者開始飛快地跑開，那我一定會相信它的本能，並跟在牠後面。」

亞洲象。

前事不忘，後事之師

有些國家採取了一些措施來抵擋海嘯，減輕海嘯的危害。例如，在日本和夏威夷，人們在易受海嘯襲擊的沿海地區修建了海堤。雖然海

紅樹林常見於沿海地區。紅樹林植物的根非常獨特，可以留住被潮汐帶上岸的泥沙。

堤無法完全擋住大型海嘯，但是它們可以減緩海嘯波浪的速度，從而降低海嘯的衝擊力。日本還沿一些海灘修建了海嘯避難所，萬一人們無法及時撤離海灘，可以到這裡躲避海嘯。

樹木、沙丘和珊瑚礁等都是抵擋海嘯的天然屏障，可以擋住部分海嘯的巨浪，降低海嘯的危害性。例如，在2004年印度洋海嘯中，印度和斯里蘭卡有一些村莊的傷亡非常小，其原因就是海岸上的樹林已經吸收了海浪大部分的衝擊力。然而，不幸的是，人類已經將很多沿海樹林、沙丘和珊瑚礁毀壞殆盡，致使這些地區特別容易遭受海嘯的侵襲。

2004年印度洋海嘯後，印度洋周邊的國家及世界上其他一些國家興起了保護抵禦海嘯的天然屏障的活動。在容易受海嘯襲擊的海邊，人們還開始種植紅樹林和椰子樹。這樣在海嘯來臨的時候，這些樹不僅能降低海嘯波浪的速度，而且如果有人無法及時跑開，還可以爬到樹上躲避海嘯。

你能做些什麼？

海嘯變化多端，常常會不按常理出牌。有的海嘯在海面上奔馳數千公里，造成巨大的破壞，而有的海嘯明明發起於海邊，卻沒有造成什麼損失；有的海嘯在到來之前，海水會發生明顯的退潮，而有的海嘯則直接劈頭蓋臉地沖上來；有的海嘯是第一層波浪最具殺傷力，而有的海嘯則是後面的波浪殺傷力更大。所以面對變化多端的海嘯，最好的防護方法就是切實遵守一些安全準則。

沿海的居民平時就制定好海嘯疏散計畫。居民應該知道最近的高地在什麼地方，並清楚最佳的逃跑路線。如果附近沒有高地，那麼要清楚如何以最快速度跑到離海岸線至少1.5公里遠的內陸地區。逃跑時，最好以步行的方式，因為海嘯時汽車可能會堵在地勢低窪的路段動彈不得。一旦你聽到針對自己所在地區的海嘯警報，就要馬上趕往安全的地方。另外，在一、兩個海嘯波浪過去之後，千萬不要以為危險已經離你遠去了，一定要繼續待在安全地點，直到好幾個小時都沒有海嘯波浪或者聽到解除海嘯警報的信號才可以返回沿海的住處。總而言之，等的時間長一點總比等的時間短要好。

有些海嘯發生得非常迅速和突然，所以根本來不及發出海嘯警報。要在這種情況下保障自己的人身安全，人們必須學會自救。「如果你感覺到了或者懷疑有地震發生，而又正好身處地勢低窪的沿海地區，那麼就不要等到警報響起才開始逃跑。」丹·沃克建議道：「海嘯可能很快就到了，所以要趕快跑到地勢高的地方，或遠離海岸線的內陸地區。」丹補充道：「當然，如果你看到大海忽然退潮，也要趕快逃跑。」

有的時候，在海嘯來臨之前，大海會發生其他一些奇怪的現象。海水可能會開始莫名其妙地冒泡，或者變得反常的熱。有目擊者在海嘯來臨前曾聽到大海發出呼嘯的聲音，類似於噴氣式飛機或快速行駛的火車發出的聲音。如果你發現有以上情形出現，不要拿自己的生命冒險，趕快遠離大海。其實海嘯發生的可能性並不大，所以不要因為過分擔心海嘯而影響了你在海邊遊玩的興致。不過，海嘯的巨浪確實會不時出現，所以，知道海嘯的徵兆及如何應對是非常明智的。十歲的蒂莉·史密斯就是一個很好的例子，她對海嘯的了解拯救了很多人的生命。

「世界存乎野性。」

——**亨利·大衛·梭羅**（美國作家與哲學家）

珊瑚礁是大自然減輕海嘯破壞力的一種方式。

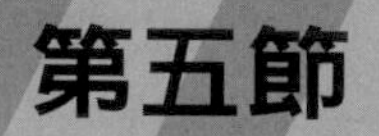

台灣海嘯的過去與未來

311東日本大震災

元2011年3月11日，當地時間下午2時46分，日本東北部海域發生芮氏9.0級地震並引發海嘯。根據2012年4月的日本官方統計，此次地震海嘯共造成15855人死亡，3084人失蹤，6025人受傷。房屋全毀有129483戶，半毀與部分毀壞有952791戶，是日本有觀測紀錄以來規模最大的一次地震，引發的海嘯也是史上最嚴重的。

此次地震震央位於宮城縣首府仙台市以東太平洋海域，距首都東京約373公里，震源深度為24.4公里。地震發生後三分鐘，也就是下午2時49分，海嘯警報發布，約30分鐘後，海嘯就開始陸續襲擊沿岸港灣與城鎮，各地的檢潮所量測到3~8　公尺高的海嘯。其中，3時51分在相馬沿岸量測到超過9.3公尺的最高波。海嘯警報到下午5時58分才完全解除。

由於日本的東北部地形平坦，海嘯長驅直入到內陸約兩公里，日本東北部太平洋沿岸及北海道東部沿岸都受到了海嘯的侵襲，創下了日本海嘯波及區域最廣的記錄。這次的海嘯也穿越了太平洋，在美國的夏威夷、奧勒岡與加州沿岸掀起約兩公尺的巨浪，造成船隻與碼頭受損。

但這次海嘯遺害最深的卻是福島核能電廠輻射外洩事故。核能一直被認為是安全且乾淨的能源，但福島核能電廠從地震當天發生反應爐內的水位下降，隔天即發生氫氣冷卻劑爆炸，以及爐心熔毀事故。後來又陸續發生氫氣爆炸與火災，以及輻射水外洩至太平洋，過了一年仍無法善後。福島第一核能電廠在國際核事故分級中，也從一開始的第四級，在一個月內升至第七級，也是最高級，與1986年發生在前蘇聯的車諾比核電廠事故同級，若加上福島核能電廠造成的海洋輻射污染，其所造成的災害實在無法估計。這次的東日本大震災，也首度讓世人警覺到地震與核電廠安全的重要性。

台灣的海嘯

日本是受海嘯侵襲頻率最高的國家之一，就連英文中的「海嘯」（tsunami）也是來自日文的海嘯——「津（tsu）波（nami）」。台灣和日本一樣，四面環海，也位於兩大板塊中間，地震頻繁，同樣是受海嘯侵襲的高危險地區。

中央氣象局網站蒐羅了17世紀以來，六次疑似描述海嘯的記錄，分別是在1661年、1721年、1781年、1792年、1866年與1867年，其中四次的描述地點是在台灣西南海岸的台南、屏東一帶；第一次描述的地點不明，最後一次的地點在基隆，也是敘述最清楚的一次。茲選錄如下：

1.1781年：《台灣采訪冊》「祥異。地震」：「鳳港西里有如藤港（今屏東佳冬附近），……乾隆四十六（1781）年四、五月間，時甚晴霽，忽海水暴吼如雷，巨湧排空，水漲數十丈，近村人居被淹，皆攀援而上至尾，自分必死，不數刻，水暴退，人在竹上搖曳呼救，有強力者一躍至地，兼救他人，互相引援而下。間有牧地甚廣及附近田園溝壑，悉是魚蝦，撥刺跳躍，十里內村民提籃挈筒，往爭取焉。……漁者乘筏從竹上過，遠望其家已成巨浸，至水汐時，茅屋數椽，已無有矣。」此次海嘯，並無地震報導，故有可能是由遠地地震所引起。

2.1792年：《台灣采訪冊》「祥異•地震」：「壬子（1792年），將赴鄉闈，時六月望，泊舟鹿耳門，船常搖蕩，不為異也。忽無風，水湧起數丈。舟人曰：『地震甚。』又在大洋中亦然，茫茫黑海，搖搖巨舟，亦知地震，洵可異也。」此次疑似海嘯不確定是哪裡來的地震所引起。

3.1867年：12月18日，台灣北部地震，是日有15次連續地震，基隆（雞籠頭，金包里）沿海山傾，地裂，全島震動，基隆全市房屋倒壞，死者數百人，基隆港海水向外海流出，港內海底露出，瞬間巨浪捲進，船隻被沖上市內，釀成重大災害，處處發生地裂，山腹大龜裂，噴湧泉水，淡水也有地裂，海嘯，數百人被淹死，房屋部分倒壞。

專門研究海嘯的中央大學水文科學研究所吳祚任博士表示，海嘯產生時，最易侵襲港灣與平緩斜坡。台灣的墾丁到台南地勢平坦，附近有馬尼拉海溝，若發生海嘯，損失慘重；而基隆港灣多，宜蘭平原廣闊，外海有琉球島弧和海底火山活動，也是海嘯的高危險區。花蓮台東地區雖然也有港灣，但因為外海深度較深，坡度陡斜，海嘯的威力相對易被削弱。至於台中到桃園一帶，則因面對的台灣海峽深度較較淺，水體較少，較無海嘯災害之虞。

在台灣的海嘯預警部分，目前中央氣象區地震中心主要仰賴太平洋海嘯預警中心發布的海嘯訊息，近兩年也在海底火山較活躍的頭城外海鋪設海底電纜，架設台灣首座海底地震觀測站，將地震網延伸至外海，這項計畫全名為「台灣東部海域電纜式海底地震儀及海洋物理觀測系統建置計畫」，簡稱「媽祖計畫」。第一期已完成鋪設的電纜長45公里，可為民眾多爭取十秒的地震預警與十分鐘的海嘯預警時間，預計未來能完成第二期鋪設90公里，爭取到20秒的地震預警與20分鐘的海嘯預警。

此外，當海嘯來襲，交通與通訊系統容易受損，造成救援行動困難。為此，國科會也正進行「台灣海嘯災害潛勢資料庫」的建置，希望藉由精確模擬海嘯起源的角度與深度、海嘯傳播、海嘯入侵內陸、海嘯撞擊結構物（如核電廠、橋梁、房舍）、與結構物周圍的沖刷情形等，可整合現有地震損失評估系統的功能，提供地震與海嘯災害防治與救災工作參考。

資料來源：中央氣象局、日本內閣府災害訊息http://www.bousai.go.jp/

「井乾方知水可貴。」

——班傑明·富蘭克林《窮理查年鑑》(1746)

米德湖誕生於1930年，是修建胡佛大壩時攔截科羅拉多河的河水形成的。湖面占據177公尺的河段，為將近2500萬人提供水源，其中包括拉斯維加斯、洛杉磯和聖地牙哥的廣大居民。然而，由於過度使用及西南地區的持續乾旱，2008年米德湖的蓄水量只有原來的一半。

第四章：乾旱

DROUGHTS

翻譯：高天羽
審定：吳俊傑

他們只能眼巴巴地望著被烈日烤焦的土地

大地為什麼這麼乾？

在澳洲，數以百萬計的牛羊在21世紀初的熱浪和乾旱中死去。

印度拉吉帕爾的居民急切地需要水。以往在降水充沛的季節，村民只要將水桶垂進當地的大井中一小段距離，就能打上滿滿一桶水來。可是在2000年，由於長時間乾旱，井水只剩下底部的一個小水窪。為了得到這一點點水，村民們將志願者繫在繩子上，垂降到井底撈水。

她不斷地往下，15公尺，30公尺，45公尺，最後降到了地面下60公尺處——相當於20層樓的高度。她用井底的水盛滿了幾個儲水的容器，然後被其他人拉回地面，將這些珍貴的水分給鄰居們。

當時，印度正遭受長時間乾旱的侵襲。氣溫攀升到攝氏43度左右，許多人中暑死亡。農作物大片枯死，有些人只能以草充饑。

「饑餓在一個又一個村莊裡蔓延，」當時任印度總理的阿塔爾·比哈里·瓦傑帕伊說：「受旱災影響的人數超過了5000萬，他們只能眼巴巴望著被烈日烤焦的土地，希望今年的季風（和雨水）能如期到來。」

「到處都是灰塵和髒土，沒有水，也沒有草。天氣炎熱，數以百萬計的蝗蟲見什麼吃什麼，許多袋鼠找不到食物，土地硬得不得了……」

皮帕·史密斯，描述21世紀初的澳洲大旱。

受乾旱所苦的印度居民正在祈求雨水降臨。

在21世紀的第一個十年裡，嚴重的旱災襲擊了南極洲以外的所有大陸。中國也遭受了非常嚴重的旱情。2008年，原本浩浩蕩蕩的長江迎接了142年來的最低水位，數十艘輪船因此擱淺。歐洲的災情則屬西班牙、葡萄牙和法國最為嚴重。

除了農作物歉收、水資源短缺之外，歐洲的旱情還引發了另一種自然災害——野火。在新世紀的頭十年裡，歐洲的森林發生了數千場火災。到2005年7月，野火已經造成數百平方公里的森林被完全燒毀或部分破壞。

在非洲，受旱災打擊最嚴重的國家莫過於衣索比亞。在那裡，乾旱常常引發饑荒，造成食物短缺，人口大量餓死。

乾旱在2002年再度襲擊了衣索比亞。「上帝保佑，下點雨，讓我們種點東西吧！」一位名叫米萊可·提瑪摩的衣索比亞婦女這樣祈禱。不幸的是，旱災引發的饑荒終於在2003年結束時，已有數以千計的衣索比亞人死去，其中包括米萊可四歲大的孩子。如果

2005年8月22日，數十年來最嚴重的一次乾旱在葡萄牙和西班牙引發了幾十場野火，大約24萬公頃林地在火災中被毀。

沒有其他國家和救災機構提供的食物和水，可能還有幾百萬人會死亡。

澳洲，這個占據一整塊大陸的國家，即便在正常的年份也十分乾旱。事實上，澳洲約有三分之一的面積都是沙漠。從2002年開始，澳洲遭受了一個世紀以來最嚴重的旱災。一直到2008年初，這場名為「大乾旱」的天災依然威力強勁，澳洲70%的國土仍在超長的乾旱中受煎熬。

大乾旱導致飲用水短缺。土烏巴位於澳洲東部，是一座擁有十萬人口的城市，曾在旱災時考慮回收利用下水道裡的廢水供人飲用。儘管這些廢水都會經過淨化處理，科學家也表示飲用這些水應該是安全的，但土烏巴市的居民還

澳洲的「直升機牛仔」正將野駱駝趕進畜欄，以保護農作物不受這些饑餓動物的破壞。

是否決了此方案。心理上的反感決定了投票的結果，因為人們不希望自己喝下的水不久前剛從別人的馬桶或水槽裡流出來。

大乾旱對野生動物也造成了影響。饑餓和乾渴迫使袋鼠進入城市尋找食物和水，在澳洲的首都坎培拉都能看見牠們的身影。澳洲的野生駱駝比任何國家都多，旱災期間，連這些以長期不需喝水而聞名的動物都受不了乾渴，也開始闖入人類的聚居區。

與此同時，南美洲最可怕的旱災正在巴西的亞馬遜州肆虐。亞馬遜州的面積大致相當於46個台灣，自然界的兩大瑰寶——亞馬遜河和亞馬遜雨林——都有部分在其境內。

「乾旱使綠葉轉黃、黃葉變褐。大風捲起塵土，染遍天空，在似乎有雨又下不下來時，空氣裡盡是塵土氣味。農作物枯萎，牲畜死亡。水珍貴得每一滴都牽動人心。」

氣候學家**詹姆斯·李斯貝**，這樣描述澳洲「大乾旱」。

隨著亞馬遜河及州內的其他河流、湖泊紛紛萎縮，當地人開始在以前只能行船的地方走路、騎車。乾渴難耐的人們喝了不

直擊乾旱

「我們有5個孩子，年齡從1歲到10歲不等。自從2002年大乾旱開始後，乾旱可能就成了其中幾個孩子的全部記憶。他們明白澡是不能天天泡的，浴缸裡的水只能放10公分左右。淋浴也只能洗3分鐘，我們用計時器來計算時間。他們刷牙的時候，要確保水龍頭在一個人刷完後關掉，刷的過程中也不能一直開水。我想我們這個家就是跟著乾旱一起成長的。」

澳洲的**皮帕·史密斯，**講述缺水對她家庭的影響。

在這所澳洲學校，噴泉式飲水器下面放了一個廣口瓶，用來接住原本會流進下水道的水。

潔淨的水，因此病倒。由於水路斷絕，船無法開進來，藥品、清水和食物都無法運進災區。

野火在亞馬遜雨林中燃起，燒毀了大片的樹木。在地球上空搜集資料的航天器帶來了另一個壞消息——森林大火產生的煙霧干擾了積雨雲的形成，而積雨雲正是緩解旱情的希望。

美國西部是北美洲經常發生旱災的地區之一。2008年，亞利桑那州進入了連續第14個乾旱年。猶他州、愛達荷州、加州和華盛頓州等其他西部州也受到旱災的困擾。

2004年，加州的箭頭湖遭遇有記錄以來的最低水位。2006年7月至2007年5月，洛杉磯市區的降水量不足100公釐——只有往年降水量的四分之一，比同期一些沙漠地區的降水還少。響尾蛇從加州南邊的山上爬下來，藏進民宅的後院。這些響尾蛇是追著牠們的獵物出現的，而這些小動物闖進民宅是為了找水喝。

西部的大旱甚至改變了地貌。位於猶他州和亞利桑那州的鮑威爾湖水位大跌，從而使原先隱沒在水下的島嶼紛紛露了出來。而截至2004年，美國最大的人工湖——

位於內華達和亞利桑那兩州交界處的米德湖，水位已下降了約30公尺。因為水位太低，結果人們發現了埋在湖底的鬼城聖托馬斯鎮。科學家們在2008年預言，米德湖或許會在2021年徹底乾涸，而乾旱就是原因之一。對於數百萬靠米德湖供水的居民（其中包括內華達州的拉斯維加斯、加州的洛杉磯和聖地牙哥居民）來說，這無疑是個令人不安的消息。

美國其他地方日子也不好過。2007年秋，整個東南部超過四分之一的地區遭受了「罕見」的乾旱——這是美國國家氣象局用來形容最嚴重旱災的字眼。受這次可怕旱災影響的地區包括喬治亞州、阿拉巴馬州、田納西州、北卡羅來納州、南卡羅來納州、維吉尼亞州和肯塔基州。

在喬治亞州的北半部，水變得無比珍貴，幾乎所有戶外的草坪和花園都禁止澆水了。政府官員發出警告，作為亞特蘭大市主要水源的拉尼爾湖有徹底乾涸的危險。在北卡羅來納州，政府建議民眾穿衣服沖澡，在洗澡的同時還可以洗衣服，因為水實在是太珍貴了。

「我不知道人們能上哪兒去，到處都有旱情。」

亞利桑那州的一位農場主，描述21世紀初期發生在美國西部的旱災。

總之，2008年初，美國有55%的面積都遭受了罕見乾燥或乾旱天氣的侵襲。異常乾燥的天氣折磨著世界上的許多地方，人們不禁要問：這些旱災都是怎麼造成的？

2006年至2007年，佛羅里達州遭受了史上最嚴重的旱災之一。奧基喬比湖的水位跌破紀錄，沒有船能停靠這個碼頭！

第二節

一個緩慢、難以察覺的過程

乾旱產生的過程和原因

2005年，中國東南沿海遭遇大旱，當地的水井和池塘乾涸，這名婦女只能從遠處挑水回家。

旱災是什麼，為何會發生？

地球是太陽系從內到外的第三顆行星，或許地球應該叫做「海球」才對。我們這顆星球的表面只有30%是陸地，另外的70%都被水所覆蓋。

沒有水，地球上就不會有生命，因為每一種動物和植物都需要水。蘋果含有84%的水，香蕉裡含有74%的水，大象體內含有70%的水，老鼠和人的體內含有65%的水。水占人體血液的82%，占大腦的70%。

地球上的水發源於它的青年時期。從那以後，這顆星球上的水就再也沒有增多，也沒有減少。在地球上，水的總量保持不變。你今天洗手用的水，可能就是200多年前班·富蘭克林泡澡用的水，或者是1.5億萬年前恐龍喝下的水。再過100年，你的玄孫可能會在同樣的水裡游泳。

據科學家估計，地球上有大約1.23×10^{21},公升的水。這聽起來似乎很多，但其中有97%都是海洋裡的鹹水。要生存下去，人類和許多其他生物都得依賴那另外3%的淡水。

從衛星上看，我們這顆美麗的星球上布滿了大片的藍色海洋，「藍色大彈珠」的暱稱就是這麼來的。

「乾旱期間可能發生洪水，但乾旱還是繼續。」

法蘭克·理查茲，水文學家

雖然水的總量保持不變，但水的形態會在液體、氣體（水蒸氣）和固體

（冰）之間不斷轉變，從而不斷地從一個地方移動到另一個地方。水的這種運動叫做「**水循環**」，具體過程如下：

太陽發出的熱量會使湖泊、河流、海洋和土壤中的水分蒸發（水從海洋中蒸發時，鹽分留在海裡）。蒸發過程中，水從液態變成氣態。這些水蒸氣升到很高的大氣中，會形成雲，雲是由微小的水滴或冰晶組成的。當雲裡的水分比較多，變得比較重時，雨或雪就會從雲裡降下來。然後，水分又被太陽的熱量蒸發了，重新開始循環。

如果地球上每個地區收到的水分總是能正好滿足這個地區的生物需要，那是最理想的狀態。不過這種事情從來沒有發生過。有時候，有些地區會降下太多雨水，從而引發洪水。另外一些時候，某個地區會持續不下雨，人和動植物的日常用水都無法滿足。這時，乾旱就發生了。

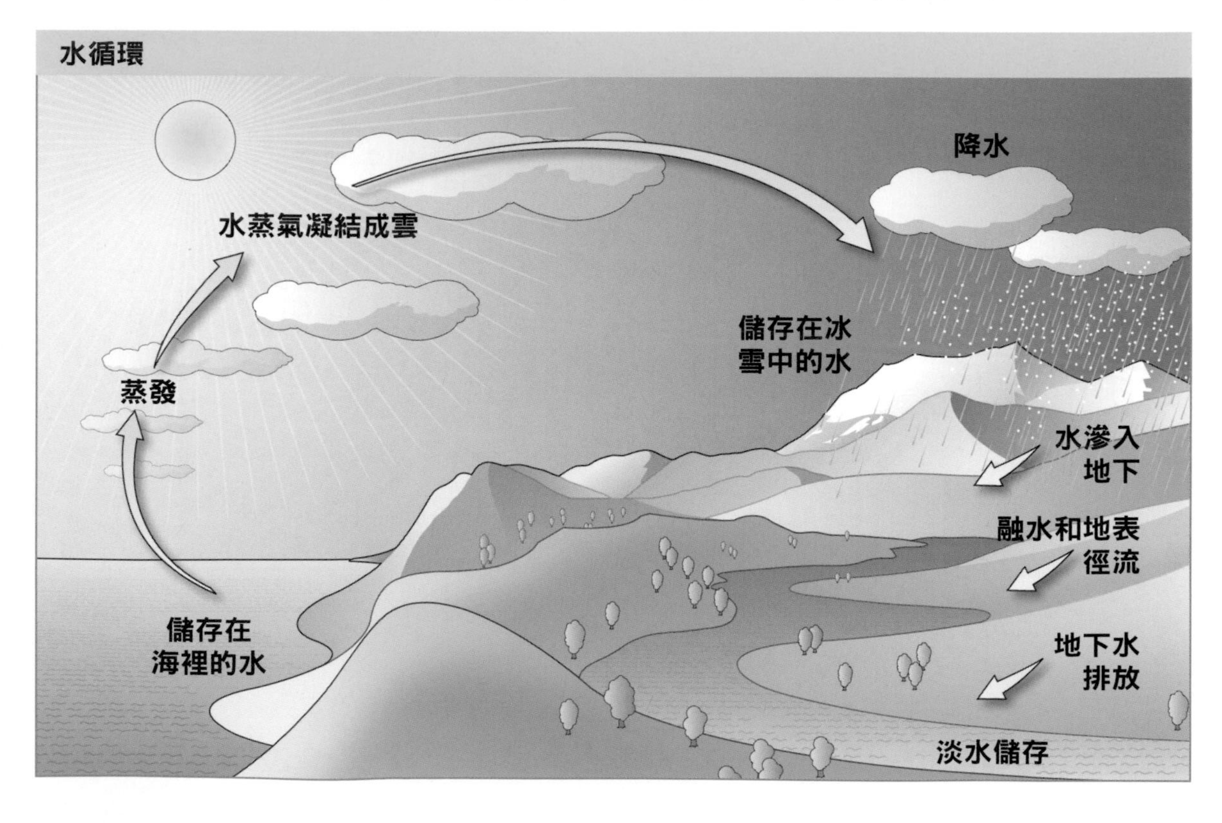

這些索馬利亞婦女只能步行前往10公里外的肯亞，為家人舀水。

「世界上的任何地方都可能發生旱災。」氣候學家馬克·斯沃博達說。一般來說，每個地區都會在一年裡接收到一定量的降水（雨水、融雪和其他種類的水分）。例如，熱帶雨林平均年降水量有2000多公釐。美國大平原的大部分地區，通常每年的降水量為500公釐左右，不過沙漠地帶的平均年降水量要少於250公釐。如果熱帶雨林某年的降水量只有1000公釐，那麼乾旱就會對它造成影響。如果沙漠在很長的時期內降水過少或根本沒有降水，那麼沙漠也會出現乾旱。

乾旱產生的直接原因

有幾個直接原因會導致乾旱，而且在一些地區發生的持續乾旱就是由這幾個原因引起的。

「天氣指的是大氣每天的情況，氣候指的是某個地區多年來的典型天氣。」

唐納德·威海特博士，乾旱研究專家

許多地區都依賴春天融化的積雪從山坡上慢慢流淌下來，滋潤土地，並為小溪和河流補充水分。但如果冬天的降雪很少，春天的融雪就可能不夠灌溉農作物，填滿小溪和湖底，也無法為魚類和其他動物提供足夠的水。21世紀初發生在美國西部的乾旱，降雪少於正常量就是原因之一。

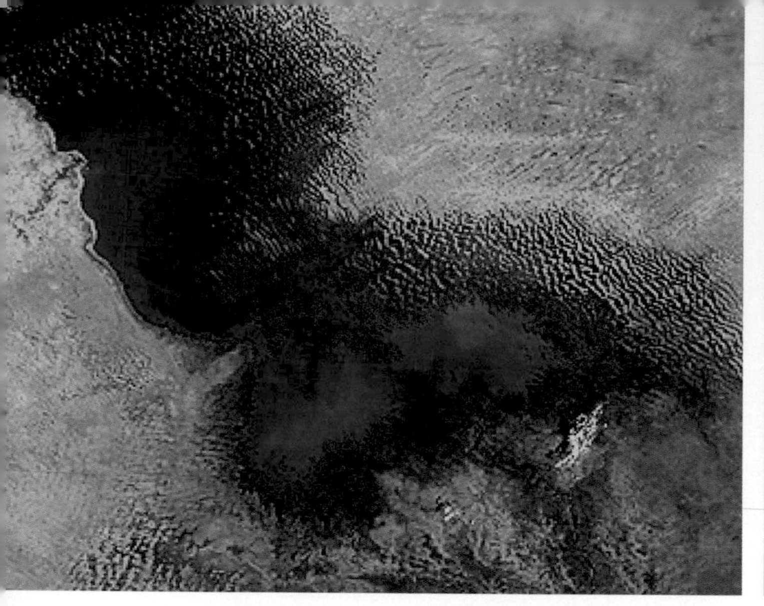
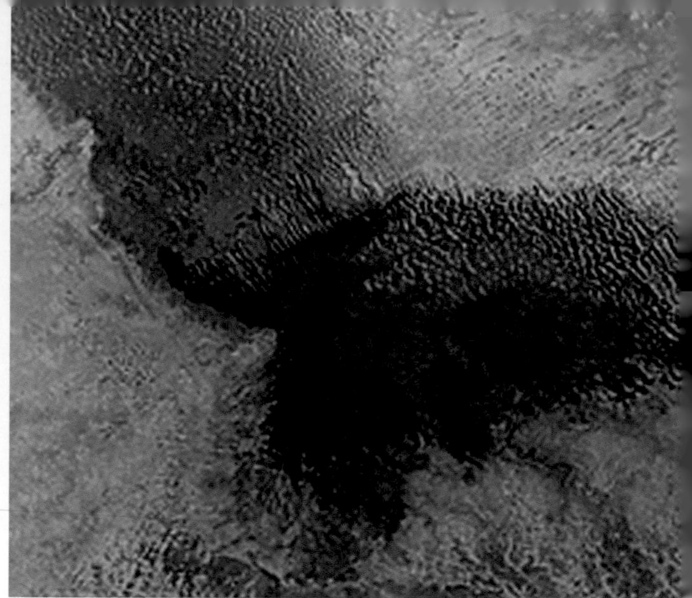

20世紀60年代，非洲的查德湖是世界第六大淡水湖。可是到1997年，持續的乾旱已經使湖面縮小到了原來的十分之一。圖中紅色部分顯示了湖水被植物取代的狀況。

風是許多不同類型的天氣現象的關鍵因素，也是乾旱的關鍵因素之一。世界各地的風大致都有一定可預測的規律，但有的時候，實際情況與一般規律並不一致。這時，積雨雲的情況也會和往年不一樣，從而在一個地方造成乾旱，可能在另一個地方引發洪水。例如，印度仰賴夏季的西南季風從印度洋帶來雨水。有時，夏日的西南季風會較往年減弱，結果導致雨水要比往年少。

氣象學家們常說到「低氣壓系統」和「高氣壓系統」。由於地球重力的作用，空氣會產生一個向下的推力或者壓力。空氣上升時，會形成一個低氣壓系統，這時，水蒸氣會上升，並聚集成雲，產生雨或雪。當空氣下降時，則會形成高氣壓。這時，水氣蒸發，出現晴朗的天氣。如果高氣壓系統在一個地區持續的時間太長，該地區就可能遭遇乾旱。中國在21世紀初所經歷的旱災，其部分原因就是高氣壓系統持續時間過長引起的。

高溫也會引起乾旱。熱量會把土地烤得非常硬，導致雨水無法滲入土壤，還會使地表水蒸發得更快，令降下的雨水很快消失。

輕微乾旱期間，政府可能會要求居民減少日常用水和草坪用水。如果旱象持續，政府可能會實施限水，即每人只能使用一定量的水。

如果旱情持續很久，農作物和牲畜就會死亡。河流、湖泊和水塘的水位下降，甚至徹底乾涸。因為水道太淺，船隻無法航行，救濟物資無法透過船隻運送。

風會刮起表土，形成塵暴將表土帶走。表土是土壤的最上面一層，非常肥沃，也是農民種植農作物的地方。在大多數地區，表土只有大約25公分厚，形成2.5公分厚的表土大約需要一個世紀。然而，一場塵暴就能從一個農場帶走大量的表土，將

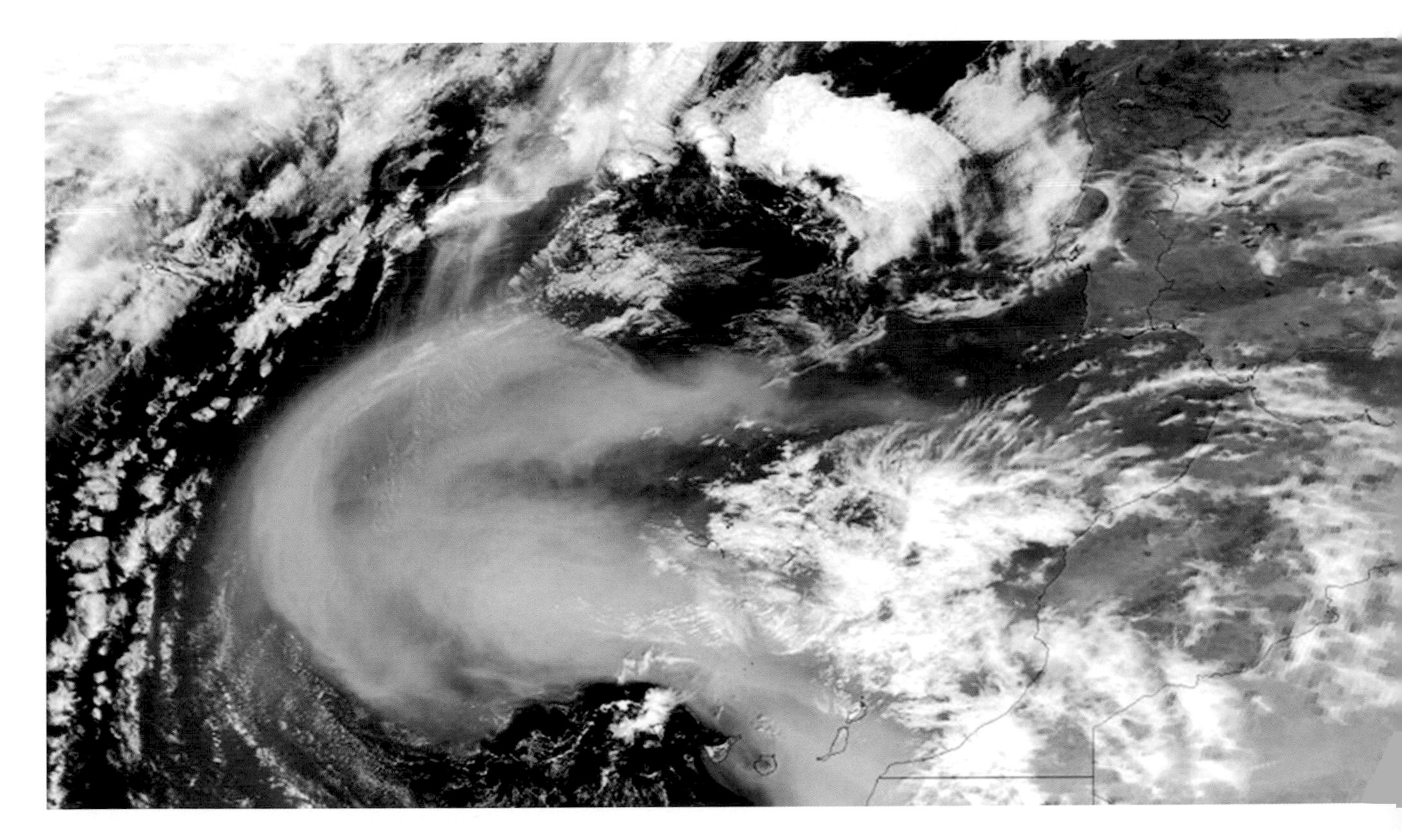

這張攝於2000年的衛星圖片顯示，距非洲西北海岸1800公里的大海上空有一場巨大的塵暴。

表土的喪失及土地的沙漠化

有科學家認為，長有植物的土地得到雨水的機率可能會增加。植被就像給土壤蓋了一層毯子，在夜間將太陽的熱量儲存起來，到白天又將熱量釋放出來。植物體內的水分蒸發變成水蒸氣，會被空氣吸收，當這些空氣上升後，就形成了雲。如果土壤因為表土喪失或耕種不當而變得光禿時，這個循環就會被打破。

大自然1000年的傑作毀於一旦。

最嚴重的乾旱能夠徹底毀滅一個地區的植物和動物，造成食物短缺。美國和其他開發國家擁有足夠的食物儲備，即使旱災導致農作物顆粒無收，也能在接下來的幾年保證人民的生存。但在一些貧窮的國家，人們沒有存糧，除了種植的莊稼外，就沒有別的食物，當有重大旱災發生時，就有可能引發饑荒。饑荒往往還伴隨著乾渴和疾病，是旱災中破壞性最大的一面。乾旱引起的饑荒造成的死亡人數，超過過去所有颶風、火山、洪水、地震和龍捲風造成的死亡總和。

乾旱還會引發火災。1871年10月8日，芝加哥大火和威斯康辛州的佩什蒂戈大火在同一天發生，關鍵因素就是乾旱。一個多世紀後的1988年，因乾旱引起的火災幾乎將黃石國家公園燒為灰燼。

全球暖化

許多科學家認為人類活動使得乾旱愈演愈烈。他們宣稱人類其實正在透過所謂的「全球暖化」改變地球的氣候。

當燃燒汽油、天然氣、石油和煤炭時，我們就向地球大氣中排放了大量的二氧化碳（CO_2）。在過去的兩個世紀裡，地球大氣中的CO_2含量已經大大增加。CO_2將原本應該逸散到太空中的熱量留在大氣中，從而導致地球的平均溫度略為升高。除此之外，人類的活動還製造了其他污染物，同樣使熱量無法逃逸。在過去的100年裡，地球的平均氣溫已經升高了約攝氏0.6度。

未來全球暖化的趨勢會更加劇烈。唐納德·威海特博士是內布拉斯加州林肯市的美國國家乾旱減災中心的創建人，他說：「到2100年，氣溫估計會再升高約1到攝氏3.3度。」

全球暖化可能會促使將來發生更嚴重、更頻繁的旱災。首先，溫度升高會加快

1871年10月10日，強勁的大風使芝加哥大火愈燒愈旺。火災導致數百人死亡，10平方公里的市區化為焦土。

直擊地面塌陷

淡水緩慢地漫過土壤，滲進地下的多孔岩石裡，就會形成地下含水層。許多城鎮和農場都利用水井和水泵從地下含水層裡抽水。

「當人們從地下含水層抽水的速度超過含水層能回補水分的速度，問題就來了。如果地下較淺處的含水層水位下降，可能會導致湖泊的水位下降、河流的水流量下跌，使人類可以使用的水更加稀少。更糟的是，地下含水層裡的水可能會被徹底用完，在持續的乾旱中釀成悲劇。此外，一旦淺埋含水層裡的多孔岩石不再注滿水分，這些岩石就可能出現壓縮，使上方的地面形成塌陷。」

查理斯·鄧甯博士，美國地質調查局威斯康辛水科學中心副主任

蒸發的過程，使土壤中的水分越來越少，對種植作物造成影響，可供人類飲用的水也會減少。其次，全球暖化還會使洋流和風的特徵與規律發生改變，影響降雨的量和分布範圍。

「全球暖化將會引發更多極端天氣，」威海特博士總結道：「有些地方會更加濕潤、易發生洪水，有些地方會更加乾燥、出現旱災。」

「颶風、龍捲風、地震和洪水都有確定的開始和結束時間。它們擊中你——砰！——然後就結束了。乾旱卻是一個緩慢、難以察覺的過程，既難以預期，也很難定義。在災情嚴重之前，你甚至可能不知道自己正經歷一場乾旱。」

理查·海姆，氣象學家

是什麼導致了近年來的旱災？

為什麼21世紀初發生了那麼多次嚴峻的旱災？許多氣候學家都認為，這和人類活動引起的全球暖化有關。不過，全球暖化到底發揮了多大作用，卻是眾說紛紜。對於大面積乾旱的成因，有人提出過不同的想法。

一些氣候學家認為，太陽才是乾旱最主要的原因。地球從太陽接收光和熱，但太陽產生的能量卻並非總是相同的。當太陽釋放的能量超過正常時，地球的溫度就會略微升高，這或許就會引發一場乾旱。當太陽釋放的能量不及正常時，地球接收的能量就會減少，溫度也會有所降低。

1980年代，氣候學家J·莫雷·米歇爾提出了一項理論。他認為，許多大旱災都和週期為22年的太陽黑子及磁場擾動有關。米歇爾博士說，太陽的擾動會在地球的高層大氣中引起變化，這些變化又進而使我們的氣候產生種種短期的波動，乾旱就是其中的一種。

事實上，美國西部的乾旱確實大約每22年發生一次。例如，這個地區發生旱災的

年代有：1930年代（「骯髒的30年代」）、50年代（「污濁的50年代」）、70年代，然後就是最近這次始於90年代末的持續乾旱。不過，這究竟是巧合，還是太陽活動引起的大乾旱確有其週期性？科學家們意見不一。

還有科學家認為，21世紀初的一些旱災並沒有看起來的那麼糟糕。他們指出，過多的人口擠進了本來水就很少的地方，這才是問題的癥結所在。氣候學家肯尼斯·F·杜威解釋說：「有些地方對水的需求增加了，比如內華達州的拉斯維加斯和亞利桑那州的鳳凰城。在這些地方，降水即使『正常』也照樣供不應求，因為居民的用水需求增加了。沙漠永遠是沙漠，而我們讓人在其中安頓，還要求源源不斷的水，這只能證明人類的愚蠢罷了。」

關於引發乾旱的種種現象，我們還有很多東西要學、要研究。這種研究非常重要，因為如下節所述，乾旱已經導致了好幾場重大災難。

直到現在，內華達州的拉斯維加斯仍然是美國成長最快的城市之一。巨大的豪宅、青蔥的草坪、人工開闢的池塘，這些都是建在原來的沙漠上，引人注目，卻無法恆久的新景觀。

這難道是世界末日嗎？

一些致命的乾旱

1937年6月4日，一場巨大的塵暴闖進了奧克拉荷馬州的胡克市。

我們如何了解乾旱？

為有書面記錄，我們才得以了解近幾個世紀的乾旱情況。可是，發生在很久以前的乾旱，我們又該從何了解呢？這些氣象災害的一些基本事實，科學家自有辦法知道。對古代氣候的研究是一門學科，就叫「**古氣候學**」。

舉例來說，只要一棵樹還活著，那麼它每一年都會長出一層新的木頭。在樹幹內，這些木層就形成了**年輪**。在雨水充沛的年份，樹木的年輪長得較寬，在雨水稀少的年份，年輪則較窄。通過分析古樹的年輪，古氣候學家可以重建一個地區數百年甚至數千年前的天氣和氣候情況。有時候，他們會分析埋在地下或沉入水底的死樹的年輪。在研究活樹的時候，他們用一種名叫「**取木鑽**」的工具從樹身中提取樣本。這種工具能在不傷害樹木的前提下，為古氣候學家提供需要的年輪樣本。

古氣候學家試圖發現幾千年的天氣規律。

「地球正在變暖，假裝地球沒有變暖是愚蠢的。」

郎尼．湯普森，古氣候學家

在沉積物（層積的泥土和砂石）裡，也可以發現以前環境的蛛絲馬跡。隨著時間的推移，沉積物會在湖底積聚起來。古氣候學家在這些古代沉積物中採集樣本，並在其中尋找一種名叫「花粉粒」的植物組成部分。如果這些氣候偵探在一千年前的湖底沉積物中找到了沙漠植物的花粉粒，他們會做出什麼樣的判斷呢？他們會知道，

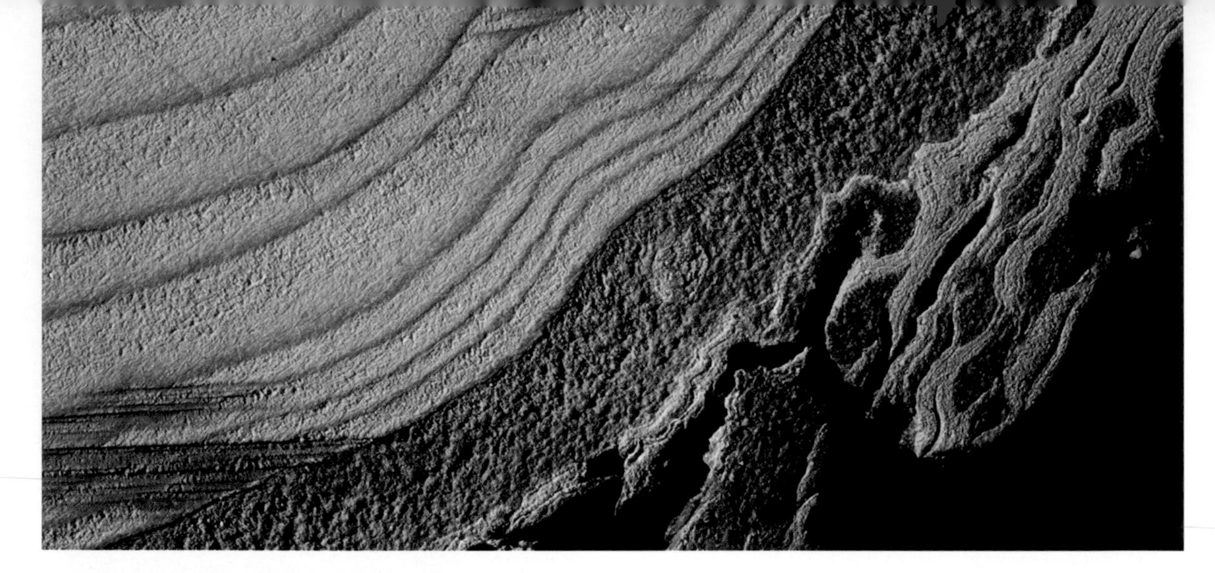

樹幹外圈的四道窄年輪說明當時發生了四年乾旱。

在十個世紀之前，這裡是一片乾燥的區域。如果找到的花粉粒來自多雨氣候帶的植物呢？那樣，他們就知道一千年前，這片區域的環境是濕潤的。

發生在古代的幾場旱災

早在人類出現之前，地球上就已經有了旱災。位於猶他州的克里夫蘭—勞埃德恐龍挖掘場已經出土了超過1.2萬塊恐龍骨骼化石，明顯說明侏羅紀時期這裡是恐龍飲水的場所。大多數骨骼化石都來自一種名叫「異特龍」的大型肉食恐龍。那麼，為什麼會有這麼多恐龍在1.47億年前死在同一個地方呢？最近的沉積物研究表明，牠們可能死於一場旱災。

4300年前，在美索不達米亞平原（大部分面積位於現在的伊拉克境內）出現了人類歷史上的第一個帝國——阿卡德帝國，建立後大約過了一個世紀，這個帝國就瓦解了。對土壤樣本的分析顯示，這個帝國的毀滅要歸罪於一場曠日持久的嚴重旱災。

大約在阿卡德帝國建立的同時，地球另一端的馬雅印第安人也開始建立自己的國家。在今天的墨西哥和中美洲繁榮了幾千年後，馬雅文明也在公元800年至900年間崩潰了。1990年代中期，古氣候學家在湖底的沉積物中找到了線索，顯示馬雅文明同樣毀於旱災。

最近幾百年中的致命乾旱和饑荒

在過去的幾個世紀裡，中國、印度、俄羅斯和非洲部分地區發生過許多次與乾旱有關的致命饑荒。

受旱災影響最嚴重的國家莫過於中國，中國古人曾相信，旱災是龍王造成的。根據書面記載，在公元620年至1619年間，中國總共遭受了1015次旱災——平均每年一次。乾旱導致了頻繁而嚴重的食物短缺，所以中國曾被稱為「饑荒之國」。從1876年到1879年（清光緒二年至五年），山西、河南、陝西、直隸（今河北）、山東，以及蘇北、皖北、隴東、川北等地區幾乎沒有降水，導致農作物欠收。到1879年底，死亡人口已經達到1300萬人。這或許是人類歷史上最致命的一次自然災害了。

美國的沙塵窩

70多年前發生在美國的那一場旱災，大概是歷史上記載最詳盡的一次。直到現在，有些上了年紀的美國人還記得在「沙塵窩」中生活的日子。

在1930年到1936年間，美國的48個州

1909年發生在中國的乾旱和饑荒是20世紀最致命的天災之一。照片中的百姓正在軍人的監督下領取賑災糧。

中只有緬因州和佛蒙特州躲過乾旱。旱災在全長四公里、從美國中部伸展到加拿大境內的大平原上蔓延，彷彿是一條巨龍在大地上噴射烈焰。小麥和其他作物紛紛枯萎，乾裂的土地上散落著牛群的骨骼，貧困和饑餓折磨著數千個家庭，天空中還揚起了塵暴。

1934年5月9日，強勁的大風在懷俄明和蒙大拿兩州捲起大量塵土。巨大、翻騰的烏雲向東移動，一路上捲起更多塵土。飄在空中的塵土總共達到3.5億噸。整整四天，塵暴自西向東掃過大平原，所經之處白

晝變為黑夜。

公路上，突然看不清道路的司機互相撞車；農場裡，人們在自己的土地上分不清東南西北。芝加哥下起了塵土，紐約和巴爾的摩的天空也變成了黑色，就連白宮也吹進了沙塵。塵土甚至還落到了距離海岸480公里的輪船上，離塵暴起源處有3200公里。而在大平原上，數百萬公頃的農作物被毀。

20世紀30年代，乾旱和塵暴對大平原發動了無情的輪番攻擊，以至於人們稱這十年是「骯髒的30年代」。人們把肆虐的塵暴稱作「滾塵」，因為它們如同巨大的烏雲一般翻滾而來。當塵暴將大地籠罩得幾乎一片漆黑時，人們稱它為「黑塵暴」。大平原上那些受塵暴影響特別嚴重的地區——包括堪薩斯州、科羅拉多州、新墨西哥州、德州、奧克拉荷馬州的部分地方——則得到了「沙塵窩」的綽號。

有些滾塵的風速達到了每小時160公里（每秒44.5公尺）。大風有時會將塵土捲到6公里高的空中，並運到4500公里外的地方。塵暴一颳就是幾個小時、幾天，偶爾還會持續幾周。有些滾塵還伴隨著閃電雷鳴。

20世紀30年代，傑拉德·迪克遜當時居住在奧克拉荷馬州蓋蒙市附近的一座農場裡，他回憶道：「那陣子沙塵颳得很厲害，有好多次，我們都看見它們吹進了客廳。早晨睡醒，你能在床鋪和枕頭上看見自己的身體輪廓，那是落在你身子周圍的灰沙形成的。」

「大家都問：『這難道是世界末日嗎』。」山姆·霍華德回憶道，他當時住在奧克拉荷馬州黑德里克市附近的一座農場裡。對許多人而言，他們的世界的確到了末日。在「骯髒的30年代」，成百上千人因為各式各樣的呼吸疾病而死亡，這些疾病被稱為「塵肺炎」。

炎熱又為旱災火上澆油。1936年，至少有16個州打破或追平了各自的高溫紀錄。阿肯色州、南達科他州、德州和奧克拉荷馬州都測出了將近攝氏49度的高溫，堪薩斯州和北達科他州更是達到了史無前例的攝氏49.4度。僅1936年一年，高溫就使得約五千美國人死亡。家畜也是備受折磨，牛和其他動物紛紛在乾渴和饑餓中倒下，或者被沙塵窒息而死。

直擊沙塵窩

「1935年4月14日刮起了一場規模罕見的大塵暴。我當時正坐在一個冷飲櫃旁邊，有人打電話說一場塵暴正朝我們這兒吹來。我抬頭一看，見地平線上出現了一條細線，正在漸漸變粗。塵暴到跟前的時候，我眼前一片漆黑，什麼也看不到。我們都稱那天為『黑色星期天』。」

——**傑伊·斯坦菲**，奧克拉荷馬州蓋蒙市

「塵土和沙子堆得好高，我們的校車開著開著就陷在路上。我們這些孩子只能下車，推著車子翻過沙丘。」

——**潔西·霍華德·雷諾**，奧克拉荷馬州黑德里克市附近

「沙塵今天從南邊吹過來，明天又從北邊吹過來，我們就這麼來來回回地吹著同一批沙塵。」

——**英格柏格·索恩**，德州奧斯陸市

「我在農場裡為三頭奶牛擠奶。等我回到屋子裡時，上面的奶沫已經沾上了塵沙，變成紅色。」

——**韋恩·Q．溫賽特**，奧克拉荷馬州埃爾默市

1936年，在奧克拉荷馬州，一場塵暴即將來襲，一位農夫和兒子奔向屋子躲避。

除美國以外，加拿大西部的部分地區也在「骯髒的30年代」遭遇了毀滅性的旱災、塵暴和熱浪。加拿大一些農場被風滾草所掩埋，這些性喜乾燥的植物在穀倉和住宅外堆積了6公尺之高。

害蟲也在這十年裡大肆繁殖。炎熱的天氣非常適合蝗蟲孵化。1934年到1938年間，蝗蟲吃掉了價值數億美元的農作物。直到現在，瓊·雷楚·布林德都還記得1935年發生在內布拉斯加州格蘭德艾蘭市的一幕：

我姊姊有個菜園，裡面的菜一直長得很好。有一天，我們看見一團雲似的東西朝這裡飄過來。等它飄到近處，我們才發現天空中全是蝗蟲，於是我們趕忙躲進了屋子。許多蝗蟲撞在窗戶上死掉了。過了兩個小時，這些蝗蟲才全部飛走。我們走到屋子外面，發現園子裡的菜全被吃光了。

雪上加霜的是，1930年代還正好趕上了大蕭條。這段時間裡，銀行倒閉，工人失業，世事艱難，不管城市還是鄉村，所有的家庭都飽受磨難。在大平原上，有幾十萬人因為過不下去而背井離鄉，希望能在別處過上好一點的生活。

不過，大平原上的多數居民還是決定在老家度過難關。即使在「沙塵窩」地區，

New Dust Storms Threaten to Turn Land Into Desert

BLACK GALE AGAIN HOWLS IN SOUTHWEST

Storm Brings Suffering to Hard-Hit Section

Man and Beast Forced to Refuge in Buildings

FLYING THRU DUST BOWL WORSE THAN BUCKING BLIZZARDS, SAYS HERNDON, FAMOUS PILOT

DUST DAMAGE

FARMERS FIGHT TO STOP LOSSES BY DUST STORMS

Black Blizzard of New Mexico Sweeping East

Kansas, Oklahoma Panhandle and Northwest Tip of Texas Are Hit

THREE YEAR OLD BENSON BOY SURVIVES ALMOST 20 HOURS IN RAGING DUST STORM AND COLD

LAD WALKS INTO FARM EIGHT MILES FROM HIS HOME WHILE 500 SEARCHERS HUNT IN VAIN

RAIN IN TWO WEEKS, OR CROP IN DUST BOWL WILL BE TOTAL LOSS, FARM EXPERTS ASSERT

LEGISLATION NECESSARY IN FIGHTING DUST

PRAIRIE CENTER TO PRAY FOR MOISTURE

Dust-Bowl Community Says Plea Was Answered Last Year, to Try Again

DUST STORMS RAGE FROM KANSAS WEST FAR AS CALIFORNIA

Worst of Year in 'Nation's Bread Basket' Church Services Halted; Second in Two Days Blackens Skies at Guymon, Okla.

Two Planes Make Forced Landings As Black Blizzard Hides Airport

Two airplanes were forced to land at an emergency field eight miles south of the municipal airport Tuesday afternoon when they were caught in a sudden dust storm that reduced the visibility at the airport to "zero."

Dust Storm Halts Colorado Traffic

VICTIM OF DUST STORM RELEASED FROM HOSPITAL

也有大約三分之二的農戶選擇留守。那些發誓堅持到底的人被稱為「堅守派」，又被稱為「明年派」，因為他們老是在叨念「如果下雨，明年就會好」。

20世紀30年代快要結束了，美好的「明年」還是沒有到來。1938年4月7日和8日，塵暴伴著飛雪猛烈地襲擊了沙塵窩地區。人們把這種天氣叫做「雪塵暴」——由雪和塵暴組成的新詞。1938年4月的那場雪塵暴降下了大量的塵土和雪，堵塞了道路，車輛無法通行，旅客和學生都被困在途中。

最後，「明年」終於來了。1940年，美國歷史上最大的農業災難——乾旱和塵暴肆虐的「骯髒的30年代」終於走到了尾聲。山姆·霍華德至今還記得雨水從天而降時的欣喜之情：

> 我衝到外面，張大了嘴，任憑雨水流進嘴裡。那真是一個值得歡慶的日子。

你就知道有麻煩了

緩解乾旱

為了奪回被沙漠侵吞的土地，中國人正在一棵一棵地植樹，建設綠化帶。至2010年，中國造林面積已達6200萬公頃，居世界第一。

乾旱過去發生過，未來還會發生。但是，即使我們無法防止乾旱，我們至少能緩解它，減輕它的危害。

改進耕種技術

1930年代的「沙塵窩」並不完全是一場自然災害，部分原因是落後的耕種方式。

在19世紀定居者到來之前，大平原上到處被青草所覆蓋，草根起了固定土壤的作用。前來開墾的拓荒者鋤掉青草，種上小麥和其他作物。而小麥對土壤的固定作用只有原生草類的三十分之一。農場主趕著牛羊在大平原那肥美的草場上放牧，等到一個地區的植被全部被吃光了，他們就帶著牲畜前往新的牧區。這種放牧方式也慢慢摧毀了固定土壤的原生草地。

1920年代，隨著拖拉機的大量引進，大平原上有更多草地消失不見了。數百萬公頃的青草被連根翻起，大平原上的深根草一年比一年少。到了30年代乾旱和強風來襲的時候，草原上的土壤已經不

這套由美國郵政局發行的郵票讚美了美國大平原上那茂盛的植物和物種繁多的野生動物。

「我們不可能找到新的水源，所以不得不考慮如何更明智地使用現有的水。」

唐納德·威海特博士

再穩固，風一吹就都被捲走了。

1930年代開始，美國在緩解乾旱的對策上取得了巨大進步。其他許多國家也利用新的農業技術減輕乾旱的危害。

美國大規模的灌溉系統大多是從「骯髒的30年代」動工興建的。「灌溉」就是利用人工方法向農田供水。在河流上建立堤壩是獲得灌溉用水的一種常用方法。大壩截住河流，將河水儲存在人工湖裡，也就是水庫。水庫裡的水再經過運河與溝渠輸送到乾渴的農田和城市。21世紀初的旱災儘管嚴重，可是如果沒有以前建好的灌溉系統，美國和其他國家的旱情就會造成更大的破壞。舉例來說，中國就一直在為灌溉和防洪建造大型水庫。

威海特博士說：「要減輕旱災的危害還有個辦法，就是讓農民種植更耐旱的作物，比如在非洲，農民越來越多地種起了小米。」

橫跨中國長江西陵峽的三峽大壩創造了多項紀錄：工程動遷了130萬人口，淹沒了13個城市、140個鎮和1350個村，它還造就了世界上最長的水庫。

小米能夠在乾燥炎熱的環境下生長，並且人類和牲畜都可食用。另外，大豆、高粱和一些新品種的玉米也比較耐旱。

防護林由一組組種成一排的樹木構成。樹木至少能以四種不同的方式緩解乾旱：儲藏水分、阻擋大風、固定土壤、遮陽乘涼。最近幾十年來，中國的戈壁沙漠不斷擴張，破壞農田。為此，中國已經啟動了一項規模龐大的防護林計畫（三北防護林），以阻擋沙漠的進犯。這項計畫號召在2050年左右建成面積達5.34億公畝的防護林，被稱為「中國的綠色長城」。近年來，澳洲的農民也開始種植防護林來緩解乾旱。

「貯水池」是農場裡的一種水塘，它們在降水時收集水分，並儲存起來以備不時之需。在衣索比亞等國家，人們利用貯水池來緩解乾旱。

許多農民每年都會休耕（閒置）一部分農田。沒有作物吸收，水分就會積聚在土壤裡，這樣到了第二年，這些水分就能供農作物吸收。

很長時間以來，農民在播種之前都會先耕地。而現在，「少耕」或「免耕」的做法正日益流行。所謂「**少耕**」，就是把土地稍稍翻弄；「**免耕**」是指不翻土而直接將種子播進地裡。「無論採用哪種方法，都能使土壤保持更多水分供應農作物生長。」威海特博士解釋說：「另外，這也能讓土壤不易被風吹走。」近年來，印度、巴基斯坦和孟加拉的農民都用少耕或免耕技術成功種出

為了給居民提供淡水，葉門的圖拉城重建了這個巨大的露天貯水池。

了小麥等作物。

梯田化和等高種植是在山坡上抗擊乾旱的常用手段。梯田是在山坡上開闢一階一階的農田，形狀像階梯。有梯田的山坡能保留住原本會流淌到山下的水分。等高種植是指橫著繞山坡種植作物，而不是順坡種植。等高種植能防止雨水流走，從而使土地保有更多水分。

此外，世界各地的許多農民還透過種植「覆蓋作物」來阻止土壤侵蝕、預防沙塵暴。紫花苜蓿和青草都屬於覆蓋作物，它們具有固定土層和使土壤肥沃的雙重作用。

獲得更多水

關於在需要時如何取得更多的水，人們想出了幾個辦法。有一種緩解乾旱的技術已經使用多年，這就是人工增雨。向雲朵裡注入某些化學物質以增加凝結核數量，，就能增加它們製造的雨量。人們利用飛機把這些化學物質投入雲中，或者利用地面上的火箭筒或其他發射器把這些物質射入雲裡。在21世紀初的幾年，中國開展了3000次的飛機人工降雨作業，用「降雨炮」往空中發射了大量降雨用的化學物質。據報導，這些作業帶來了大量降雨。

然而，人工降雨並非萬靈藥。首先，它必須在空中有雲時才能奏效，而在旱災時天空中往往沒有雲。其次，它會使本該落在一個地方的雨水落到另一個地方。

儘管人類不能靠海水生活，但我們可以將海水中的鹽分去除，讓它變成可以飲用的水。這個去鹽的過程叫做「淡化」，如煮沸海水等多種方式。人類對海水的淡化已經持續了幾個世紀，到這個乾旱氾濫的時代，它更是受到了空前的歡迎。截至2008年，全球已經有約1.5萬家海水淡化廠投入營運。沙烏地阿拉伯是淡化領域的領先國家，以色列、美國、澳洲、印度、俄羅斯和日本也都對海水實施淡化。

海水淡化也有缺陷，其中一個是價格昂貴，另一個是僅限於臨海國家適用，而對於那些遠離海水的國家不太適用。另外，淡化過程還會危害海洋生物，並造成污染。如果科學家能夠解決這些問題，海水淡化就可能擁有更加廣泛的用途。

在中國北方，一位婦女背著一大塊雪，準備送到水窖裡儲存起來。她居住在沙漠地區，那裡沒有水井，所以融雪是主要水源。

更明智地使用我們的水資源

還有一個辦法能緩解乾旱和水源短缺：我們可以更有效地使用自然界賜予的水，智慧地利用水資源，這就叫做「節水」。

過去，美國和其他許多國家的農民大多使用的是效率低下的澆水系統，不是淹沒大片農田，就是將水高高地噴入空中，大量的水分都因蒸發消失了。「新的噴淋系統將水直接向下噴到植物上。」氣候學家馬克·斯沃博達介紹說：「這樣，水直接流向了最需要的地方，蒸發降低了，浪費也減少了。」

斯沃博達接著說：「在非洲和墨西哥，許多人都用貯水槽和集水器收集雨水。收集來的雨水燒開後，基本上就能滿足日常生活的需要了。」澳洲的氣候學家詹姆斯·李斯貝補充道：「許多澳洲人都會購買水罐，水罐接住屋頂淌下的雨水，作為他們的補充水源。」

另一種前景廣闊的節水技術是使用「灰水」。所謂「灰水」是指從浴缸、淋浴器、洗衣機和水槽流出的廢水——幾乎就是家裡除了馬桶廢水之外的所有廢水。灰水可以被收集起來，用於灌溉草坪和樹木等，但不能飲用。對灰水的利用可以節約家裡的清水供應。

「不是只有大人才知道節約用水的重要性，」氣候學家肯尼斯·F·杜威說：「小學四年級的孩子就會告訴父母不需要每天給草坪澆水，他們還會幫忙種一些植物，為房子和草坪遮蔭。」節約我們地球上的水資源，還有許多事情是每個家庭都可以做的，包括少沖馬桶、縮短淋浴時間等。

讓乾旱中的人民免受饑荒之苦

其實有很多辦法可以降低乾旱引發的饑荒，減輕這種讓貧窮國家深以為苦的

奇思異想

還有人設想通過冰山獲得更多的水。冰山是由冰凍的淡水構成的，所以理論上來說冰山的水可以喝，也能用來灌溉農田。人們設想可以把重達90萬公噸或以上的冰山裡在巨大的袋子裡，以防止其融化，然後用船拖著冰山，順著洋流帶到缺水嚴重的國家。人們可以修建管道，把冰山融水從沿海的停靠點運往內陸地區。從現在開始50年或100年後，世界上會有一部分人口能開始喝上融化的冰山水嗎？

一艘拖網漁船正拖著一座冰山，使其遠離鑽井平臺。如今石油公司已經不再嘗試這種危險的操作方式了。

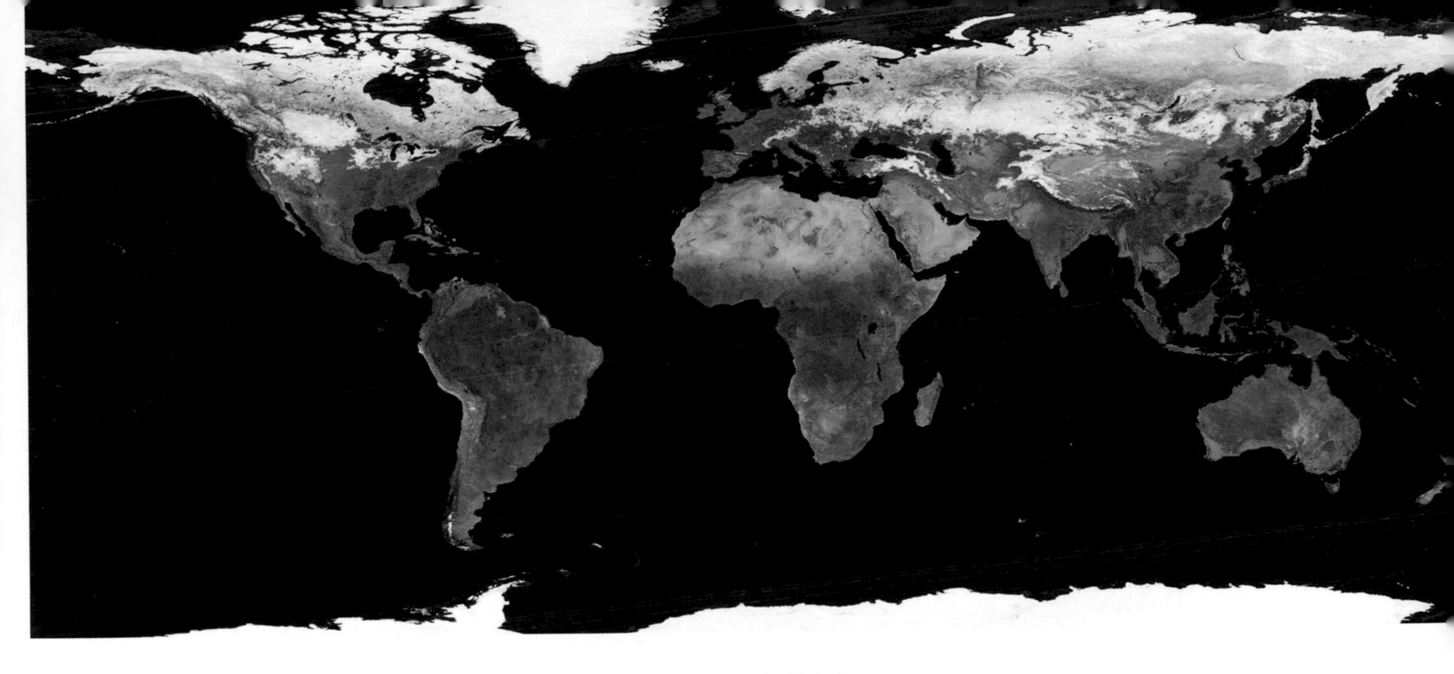

這幅衛星圖片拍攝於2005年4月，那些淡土黃色的區域都處於極度乾旱之中。

災難。這類行動的關鍵之一是衛星。「當你看到衛星照片上的植被顏色與正常情況相比更顯土黃，你就知道有麻煩了。」氣象學家理查·海姆介紹說：「不過，你還需要其他資訊來判斷那是不是乾旱造成的。美國已幫助許多國家建立了地面氣象站。」有了衛星圖像和氣象站，科學家就能判斷一個地區是否正發生乾旱，是否可能導致饑荒了。

聯合國世界糧食計畫署等組織會利用這些資料，來發現可能因乾旱而遭遇饑荒的地區，並提供幫助。這些組織會提醒民眾饑荒可能發生，並運進食物以阻止災難。要與這種無形殺手——人類的夙敵之一抗爭，這些都是很關鍵的步驟。

「今天搬到西部住的人必須明白他們搬去住的地方是沙漠。」

派特·莫萊，南內華達州水務局

「青蛙不會喝乾自己生活的水塘。」
——美國印第安諺語

台灣的水夠用嗎？

台灣的水資源有多少？

如果一定得停水或停電，你選哪一個呢？即使在3C產業發達的今天，大部分人應該還是寧可選擇停電，不想停水。停電，可能會讓生活變得不方便，或影響工作進度；但一旦停水，吃喝拉撒都成問題，感覺度日如年，日子快過不下去。由此可知「水」在生活中是多麼的重要！

台灣位於亞熱帶，拜春末的梅雨、夏天的颱風、午後雷雨和冬天的東北季風之賜，年平均雨量約兩千公釐，書中所描述的乾旱程度似乎距離我們很遙遠。如果你知道台灣的平均年雨量為2500公釐，約是全世界平均年雨量的六倍，是不是覺得自已很幸運呢？

可惜的是，台灣的降雨的地點與時間分配不均，加上台灣主要的東西向河川皆短小陡急，大部分的降雨直接流入了大海，無法有效的存取利用，這也是為什麼年雨量豐沛的台灣（部分山區年雨量高達五千多公釐）仍經常出現缺水問題的主因之一。根據中央氣象局的觀測統計資料，以2011年為例，台灣北、中、南、東四大城市（台北、台中、高雄、花蓮）各月份的雨量如下表：

	1月	2月	3月	4月	5月	6月	7月	8月	9月	10月	11月	12月	年雨量
台北	72	68	119	27	222	284	264	166	52	93	231	159	1,757
台中	5	28	33	5	95	151	300	256	99	13	151	37	1,173
高雄	8	4	8	30	106	392	543	368	72	55	173	41	1,800
花蓮	18	58	96	64	180	84	46	375	148	487	518	127	2,201

由表中可看出，2011年四大城市中，花蓮降雨最多，超過2000公釐；台中最少，不到1200公釐。台北各月都有降雨，高雄一至四月降雨才50公釐，枯水期長達半年，降雨主要靠夏季颱風與西南氣流補足一千多公釐的雨量。

為了有效利用水資源，水庫成為不得不然的選擇。根據經濟部水利署的資料，台灣各地的水庫、堰、壩有近百座，雖然背負著生態與文史保護的爭議，卻無疑是看護台灣水資源的重要堡壘。台灣可用的水資源除了水庫裡的水，還包括雨水和地下水，這些水都用到哪裡去了呢？以2009年為例，台灣地區農業用水約占全年用水量的74%，生活用水量占18%，工業用水量占8%。

從氣象局與水利署的資料分析，我們發現台灣近年的年雨量並沒有改變，維持在每年約2500公釐上下，但降雨天數變少了。換言之，降雨的強度增加，增加了暴雨和水患發生的機會；降雨天數減少，又增加了發生旱災的機率。

現實不容樂觀，馬上行動起來

如今人類再也不敢把自然災害完全歸咎於老天爺，尤其在面對各種關於濫墾亂伐所造成的土壤沙化以及農業灌溉大量浪費水資源的資料時。我們不禁要想，在工業革命後，人類在「人定勝天」的謎思與征服過程中，我們究竟留下了多少隱患，埋下了多少有可能炸毀我們平靜生活的「環境問題地雷」。

在地球上的不可再生資源石油、煤炭、天然氣越來越少時，我們忽然發現水這種「平淡」的生活必需品也成了許多地區居民的奢侈品。

加上全球暖化的影響，乾旱近年來在全世界範圍內大規模暴發。隨著氣候變暖，乾旱可能發生得更加頻繁，範圍也更廣。乾旱直接導致糧食產量下降，如2011年的非洲之角大乾旱引發的饑荒已導致數萬人餓死。

因此，如果我們不想在未來的某一天為了尋找水源而苦惱，那麼，從現在開始節約用水，保護森林和濕地，只有這樣才能挽救地球和我們人類自己。

有多少水資源被無端浪費？

地球缺水，這似乎不是什麼秘密。但地球究竟有多缺水？到底有多少人在「祈水」呢？相信那個真實的數字會讓生活在大城市，每天有充足自來水供應的人大驚失色。事實上，全世界約有20億人缺水，而且這一數字還在繼續增加。據聯合國環境規劃署的資料顯示，如果按目前水資源的消耗模式繼續下去，到2025年，全世界將有35億人缺水。我們很清楚，沒有人離開水還能生活。因此，當乾旱來臨，我們將面臨缺乏這生命之源的危險。

在我們的身邊，「節約用水」的警語隨處可見——學校的洗手台、賣場的手間、政府宣導短片，甚至環保T恤衫上。然而，大概沒有多少人知道我們究竟浪費掉了多少水。《水資源——少用一些，節約多點》的作者喬恩·克里夫特（Jon Clift）和艾曼達·卡斯伯特（Amanda Cuthbert），告訴我們一些人類浪費水資源的驚人事實：

1.進入我們家裡的水有95%流進下水道。

2.刷牙時不關水龍頭，每次會浪費掉15公升水。

3.老式抽水馬桶每次用掉11公升水，而新式節水馬桶只用4公升水。

4.每秒鐘漏一滴水的水龍頭，每年會浪費 1萬200公升的水。

5.有專家估計，城市綠化用水約50%由於蒸發和過度灌溉而被浪費掉。

6.世界上許多人每天只有11公升或更少的水維持生活，而我們沖一次馬桶幾乎就會用到這麼多水。

7.清潔、可飲用的家庭用水超過四分之一是用來沖馬桶的。

可見，與其在乾旱來臨時抱怨老天的不公，不如我們從現在開始，在生活中節約自己的那一份水。抵抗旱災，我們可以從每一天的生活中做起。

枯旱預警系統

如書中所描述的駭人旱象也許近幾年還不會出現在台灣，但三不五時還是會出現搶水大戰，尤其近年因為工業園區的設立，工業用水的需求隨之增加。為因應降雨異常導致水庫缺水的狀況，水利署特別在「防災資訊服務網」下設立「枯旱預警系統」，監測各地區主要水庫的水位與蓄水率，一旦水位與蓄水率下降到某個標準，水利署就會啟動限水措施。

依據《乾旱時期自來水停止及限制供水執行要點》，水利單位會參照往年同時期的降雨量和水庫蓄水量評估水情，執行四種階段的限水措施：

第一階段：離峰時段降低管壓供水。

第二階段：停止供水：噴水池、沖洗街道與水溝、試放消防栓及其他得停供之用水。

減量供水：游泳池、洗車、三溫暖及水療等，與其他不急需之用水。

第三階段：分區輪流或全區定時停止供水。

第四階段：依區內用水狀況定量定時供水，其優先順序為：民生用水、醫療用水、國防用水、工業用水、其他用水。

若必須執行第三或第四階段限水，表示情況有點危急了。

「在颶風眼中……存在著一個壯麗的地方：陽光從上方正圓形的藍色天空中瀉下來，灑進飛機的窗戶，圍繞在飛機四周的是一片黑暗，那是雲牆中的雷暴雲。而在正下方，穿過幾片低矮的雲，可以看到波濤洶湧的大海。」

——克里斯多夫·蘭德斯，美國國家颶風中心科學及營運主任

第五章：颶風

HURRICANES

翻譯：許一妮
審定：吳俊傑

屋頂上真的很可怕

卡崔娜颶風

在卡崔娜颶風襲擊紐奧爾良之後，一群人在屋頂上等待救援。浮著油污的洪水朝著他們棲身的屋頂步步逼近。

「那是2005年8月28日，我醒來之後打開電視，開始看卡崔娜颶風的衛星圖。在那一刻，我驚呆了，我從來沒有見到過這麼猛烈的風暴。」住在路易斯安那州紐奧爾良郊區的國家氣象局技術人員傑克·赫迪回憶。

其實，在這個8月最後的一個周日來到之前，卡崔娜就已經是個殺手級的颶風了：三天前，卡崔娜衝進美國佛羅里達州靠近邁阿密的沿海地區，吹倒樹木、淹沒街道，並造成了14人死亡。不過那時候卡崔娜的風速「只有」每秒36公尺，在美國的颶風分級上屬於最弱的一級颶風。

然而，在掠過了佛羅里達的南端之後，卡崔娜颶風籠罩在墨西哥灣上。在汲取了墨西哥灣溫暖海水的能量之後，卡崔娜颶風開始轉變成了一個恐怖的巨獸。當星期日赫迪先生和許多其他墨西哥灣沿岸的居民早上打開電視機的時候，卡崔娜颶風已經演變成了五級颶風，即美國颶風分級中最強大的一級。在這一天，它的風速被測出達到每秒78公尺。

卡崔娜颶風猛烈襲擊 紐奧爾良時的衛星圖片

美國國家氣象局在2005年8月28日，星期日，美國中部日光節約時下午4:13於路易斯安那州紐奧爾良市緊急發布氣象消息：

「卡崔娜颶風極度危險……預計將導致極嚴重災情……（災區）無法居住……」

卡崔娜颶風最可怕的地方還不是它的力量。在8月28日的那個早晨，美國國家氣象局發布了一則消息，預測卡崔娜颶風將要襲擊紐奧爾良。紐奧爾良大都會區擁有超過130萬人口。這個主要城市尤其容易遭受水患，因為這裡許多地方海拔比海平面還要低。若不是因為有一系列堤防和抽水站保護，紐奧爾良的部分地區在正常情形下也會被水淹沒。

這道保衛紐奧爾良的防洪堤決口了，洪水漫進城內。圖中的水花是從直升飛機上丟下的沙袋飛濺起來的，人們試圖用這些沙袋來修補這道堤壩。

紐奧爾良市長舉行了一場記者會，稱卡崔娜颶風為「我們多數人長久以來一直害怕的」那場颶風，並下令疏散全市。大多數市民都遵從了市長的命令。由於颶風通常對沿海地區影響比較大，所以100多萬居民從紐奧爾良沿海地區向內陸疏散。傑克·赫迪和他82歲的父親，以及他們那隻名叫「胡椒」的狗也在其中。路易斯安那州、密西西比州、阿拉巴馬州的很多沿海居民都加入了這次大撤離。因為卡崔娜颶風的直徑超過320公里，預計會造成嚴重影響的區域遠超過紐奧爾良地區。

然而，還是有數十萬人留在了紐奧爾良城內。有些人是因為沒有交通工具，有些人無處可去，還有一些人因為老弱病殘無法移動。

在2005年8月29日早上6點10分，卡崔娜颶風開始侵襲墨西哥灣沿岸地區，以每秒62公尺的風速肆意席捲各地。不僅如此，狂風還掀起風暴潮（由風推動的一道道水牆）侵襲沿海地區。怒濤和漫天飛舞的碎片在阿拉巴馬州和密西西比州造成了嚴重的人員傷亡和財物損失。

卡崔娜颶風帶來的風暴潮重創了保護

直擊卡崔娜颶風

「最初湧進新奧爾良的水是風暴潮帶來的清澈、乾淨的海水。但是幾天以後，水變成了黑色，極髒極臭。水裡充滿了未經處理的污水和屍體。我的腿光是泡在水裡就長了疹子。」

菲力浦·基欽少校，他在卡崔娜颶風襲擊之後駕船進行救援。

攝影師麥克·賽斯正在拍攝卡崔娜颶風帶來的風暴潮洶湧的情景。

紐奧爾良的防洪堤。有些地方洪水淹沒了堤壩，有些地方洪水從決堤口湧入。截止到8月30日星期二，紐奧爾良已經有至少80%的區域被洪水淹沒，甚至連周邊地區也不例外。

慢慢地，水漲到了7公尺高，許多人不得不爬到屋頂上。上小學四年級的蘭斯·威廉斯和他的幾個親戚被迫爬到了屋頂上。當時9歲的他回憶道：「我們是從閣樓爬到屋頂上的，屋頂上真的很可怕，什麼都不能做，只能看著洪水肆意漫流。有好多閃電和雷聲，但最可怕的是力度強大的狂風，開始把我們的屋頂從房子上掀起來，而且屋頂還很滑。我擔心自己就要跌下去。幸虧叔叔抓著我的手，我們互相抱著。」

美國海岸警衛隊和一些救援隊派出了船隻和直升飛機來回搶救倖存者。在這幾天裡，成千上萬受困群眾被救出，其中也包括了小威廉斯和他的親戚。

在搜救的時候，搜救隊員們也時刻冒著沉船的危險。奧爾良郡民事警長辦公室的菲利浦·基欽少校說：「在卡崔娜颶風來襲後，從早上十點到晚上十點，我們在船上頂著狂風，尋找等待救援的人，大概救上來了70～100個人。我們划船也必須特別小心，尤其在天黑之後，水下面到處都是汽車、樹和電線杆。」

危險不僅僅來自於狂風和洪水，基欽少校說：「許多地方的瓦斯管露出來了，造成火災和爆炸。房屋在燒著。有些電線也掉下來了，以至於在颶風過後幾天還有不少人因為觸電而死亡。」

儘管進行了救援，卡崔娜颶風在路易斯安那州造成的損失還是非常慘重。僅僅在這一個州，就有大約1,600人死於這場狂暴的颶風，其中大部分人都在紐奧爾良市內或鄰近地區。

直擊卡崔娜颶風

「洪水退了之後，我回到了紐奧爾良，到處都長滿了黴，全城散發著一股惡臭。房子上面有各種各樣的標記，比如『已搜尋』、『一死』、『二死』等等。」

天主教神父**路易士·阿旁德·默塞德**，描述颶風退去後的情形。

災難造就英雄。在大水衝破大堤、淹沒了紐奧爾良部分地區之後，幾個人將小孩放到橡皮浴缸裡移到安全地點。攝影師約翰·邁克庫斯科拍下了這一情景。

在猛烈襲擊沿岸地區之後，卡崔娜颶風繼續北上，在內陸的大片區域降下大雨，同時繼續產生強風。傑克·赫迪和父親帶著他們的狗來到了紐奧爾良以北80公里處一輛拖掛式房車裡避難。傑克回憶：「風刮起來以後，一連幾個小時我們只能聽到松樹折斷的聲音，聽起來就像步槍的槍聲。有好幾次我們的房車被折斷的樹枝打中。一棵巨大的松樹倒了，砸在房車上，將一部分屋頂扯開了。」所幸房車裡沒有人受傷。

8月31日下午，卡崔娜颶風在加拿大上空漸漸平靜下來。它成為了美國歷史上造成死亡人數最多的颶風之一，已知約2000人在這場風暴當中喪生，直到今天還有幾百人失蹤，杳無音信。卡崔娜颶風還摧毀了成千上萬處房屋，迫使許多人另覓住處。被直升機從屋頂救走的蘭斯·威廉斯就和家人移居到了德州的休斯頓。

一年之後，菲利浦·基欽少校說：「在紐奧爾良的一些重災區，許多房子都已經消失不見了。房子被洪水摧毀了，走過一條又一條街道，你看不到一個人，只能找到一些可憐的流浪貓和流浪狗。災後重建至少需要20年的時間，這還是假設這期間我們不會遭遇新颶風的情況下。」

天空看起來前所未有地恐怖

為什麼會有颶風

「藤原效應」是以20世紀早期一位日本科學家的名字命名的，指的是兩個熱帶風暴在大氣中迴旋起舞的現象。兩個熱帶風暴圍繞彼此旋轉，就像兩個孩子手牽著手繞著圈旋轉。圖為美國國家海洋和大氣管理局（NOAA）在1974年拍攝的雙颶風，左邊的是艾恩颶風，右邊的是克斯頓颶風。

在幾個世紀以前，墨西哥和中美洲的馬雅人相信，巨大的風暴是由一位元神靈製造的，他們稱這位神靈為「乎拉坎」（Hurakan）。後來，來自歐洲的開拓者遇到了這種強風暴，就以這位印第安神靈的名字為其命名，不過其英文拼寫變成了「hurricane」（即颶風）。

歐洲國家派往美洲的許多船隻都被颶風摧毀。僅在16世紀和17世紀，西班牙就有100多艘運載金銀的船隻遭到颶風襲擊，沉沒在西班牙和新大陸之間的航線上。

「沒有人見過大海那麼高、那麼憤怒、布滿那麼多白浪。天空看起來前所未有地恐怖。雷電的閃光如此猛烈，我們都以為船要被炸開了。這期間大雨不斷從天上傾瀉而下。」

克里斯多夫．哥倫布，描述1503年遇到的一場颶風。

早期關於颶風的研究

威廉·丹皮爾是一個英國的海盜，也是最早發現颶風的基本現象的人之一。1680年，丹皮爾在海上遇到了颶風，他的船被颶風吹著航行了幾百公里。然而，當颶風過去以後，他發現自己所在的地方竟然和遇上颶風的地方距離很近。

為什麼會這樣呢？丹皮爾後來總結得出，原來颶風是繞著巨大的圓圈移動的。他將颶風形容為「巨大的旋風」。

但大約過了兩百年之後，才有人開始嘗試針對即將到來的颶風，向人們發出警告。19世紀70年代，貝尼托·凡尼斯神父在古巴的哈瓦那建立了一個颶風預警系統。凡尼斯神父記錄風速、溫度和氣壓的讀數，從水手那裡收集資訊，並且在加勒比海周圍建立了一些氣象站。每當凡尼斯神父推斷颶風將要來臨的時候，這位「颶風神父」就會發電報提醒西印度群島和美國沿海地區的人們。受到他的行動啟發，美國在1898年開始建立自己的颶風預警系統。

什麼是颶風，它們如何發展及移動

從貝尼托·凡尼斯神父的時代到現在，我們對颶風有了更多的瞭解。追蹤颶風動向的衛星和飛入颶風當中的特殊飛機，都有助我們得到更多關於颶風的知識。

正如威廉·丹皮爾所發現的那樣，颶風是以圓形旋轉運動的巨大風暴。從太空往下看，颶風很像風車。

典型的颶風直徑通常約為400公里，和卡崔娜颶風的直徑差不多。颶風可以持續數天，行程達數千公里。一般來說，颶風的最大風速可達每小時320公里（每秒89公尺），與強烈龍捲風的風速相當。

很多襲擊美國的颶風一開始都是從非洲西海岸啟程的東風波不是指海的波浪，而是氣象擾動）。平均每十個熱帶波裡只有一個能獲得足夠的能量，變成颶風。颶風的形成需要具備一定的條件。首先，熱帶波必須組織成一種被稱為「熱帶低氣壓」的旋轉風暴系統，其風速低於每小時

颶風的五個等級

美國所使用的薩菲爾－辛普森颶風等級（Saffir-Simpson Scale）是以研究風災害的工程師專家羅伯特．薩菲爾和颶風專家鮑勃．辛普森博士的名字命名的。他們希望能夠幫助政府官員評估眼前的颶風的即將帶來的災害風險。以下列出了每一級颶風相應的風速。完整的等級表還舉例列出了不同風速對建築物造成的影響。

颶風等級	風速（英里／每小時）	風速（公里／每小時）	風速（公尺／每秒）
一	74～95	119～153	33.1～42.5
二	96～110	154～177	42.6～49.2
三	111～130	178～209	49.3～58.1
四	131～155	210～249	58.2～69.2
五	155以上	249以上	69.2 以上

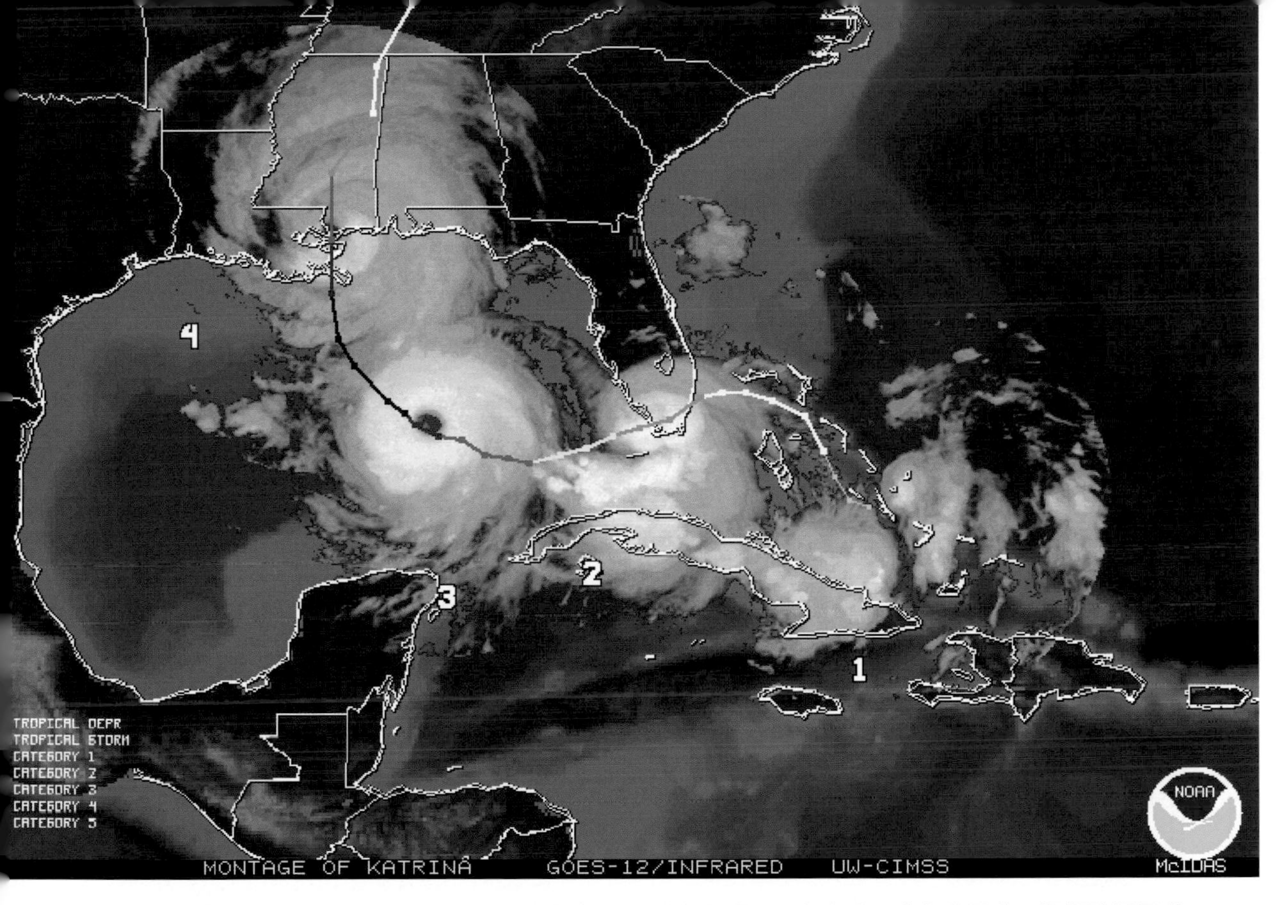

這張美國國家海洋和大氣管理局的組合照片說明了卡崔娜颶風是如何在幾天之內發展成一個超強風暴的。
1.2005年8月23日下午；2.8月26日清晨；3.8月28日清晨；4.8月29日上午。

63公里（每秒17.5公尺）。如果熱帶低氣壓繼續加強，風速達到每小時63～118公里（每秒17.5～32.8公尺），這時它就變成了熱帶風暴（相當於台灣的輕度颱風）。在美國，人們按照字母順序為熱帶風暴命名，例如阿爾蓮熱帶風暴和彼得熱帶風暴。時速119公里（每秒33.1公尺）是個門檻，一旦熱帶風暴達到這個速度，它就正式變成了颶風（相當於台灣的中度颱風）。

在北美洲被稱為「颶風」的風，在世界其他地方有各種不同的名字。北太平洋地區稱之為「颱風」，南太平洋和印度洋地區稱之為「熱帶氣旋」。不僅如此，這些產生於海上的巨大風暴還有地方性的小名，例

直擊颶風

「當暴風的風眼到來時，空氣靜止得讓人發毛。我們能聽到遠處風的怒吼聲。過了不久，颶風又來了，這一次是往相反的方向颳。白天，我看到前院10公尺高的椰子樹被吹倒了，街上所有的郵筒都倒在地上，電線都掉了下來，停了整整五天電。克里奧颶風使我立志要做一名氣象學家。」

丹尼斯·費爾特根，描述1964年颶風襲擊佛羅里達州勞德岱堡時的情形，當時他12歲。

1992年的安德魯颶風使一塊膠合板硬生生地穿過樹幹，卡在上面。

如澳洲人稱之為「威利鬼」。

每個有這種風暴發生的地方，在每年中都有某段時間是活躍期。雖然也有例外，但一般來說大西洋的颶風季是從6月1日到11月30日。在全世界，5月是大型風暴最不活躍的月份，而9月則是大型風暴最活躍的時間。

「當時的風聲是我這輩子聽到的最可怕的聲音，聽起來就像是一千列貨運列車和一千架飛機一起朝你呼嘯而來，非常恐怖。」

理查·I·海頓，描述1969年侵襲密西西比州帕斯克里斯琴的卡蜜兒颶風。

颶風的形成

美國國家海洋和大氣管理局（NOAA）的氣象專家丹尼斯·費爾特根說：「要多個因素湊在一起，才會形成颶風。」這些因素包括海水、太陽的加熱、空氣、風及地球的自轉。

這個過程是從太陽照射海水，使海水升溫開始的。據費爾特根的說明，颶風形成的初始條件是：至少有45公尺深的海水被加熱到攝氏26.5度以上。這也是為什麼溫暖的熱帶海域會是颶風起源地的原因。

費爾特根繼續說：「經過太陽加熱，海水不斷蒸發，上升到空中受到冷卻形成了雲。如果環境空氣的溫度隨高度降低得夠快，上升的空氣塊就會顯得不穩定，形成陣雨和暴雨天氣。這種天氣擾動會產生一個低氣壓區，而低氣壓區會吸入越來越多溫暖、潮濕的空氣。」在地球自轉的作用下，不斷增大的風暴開始旋轉起來。隨著更多溫暖、潮濕的空氣湧入風暴，風暴的自轉會變得越來越快，並在風力的推動下在海面上移動。雖然颶風內部的旋轉風速非常快，但颶風整體向前移動的速度比較慢，平均時速約為25～30公里。

颶風由幾個部分組成。颶風的中心被稱為「颶風眼」，強風圍繞著颶風眼旋轉。「眼區只有微風和少量的雲」，美國國家氣象局的颶風專家史考特·凱澤說：「在有些情況下，你可以透過颶風眼看到藍色的天空，在晚上還可以看到星星。圍繞著眼

颶風自轉圖

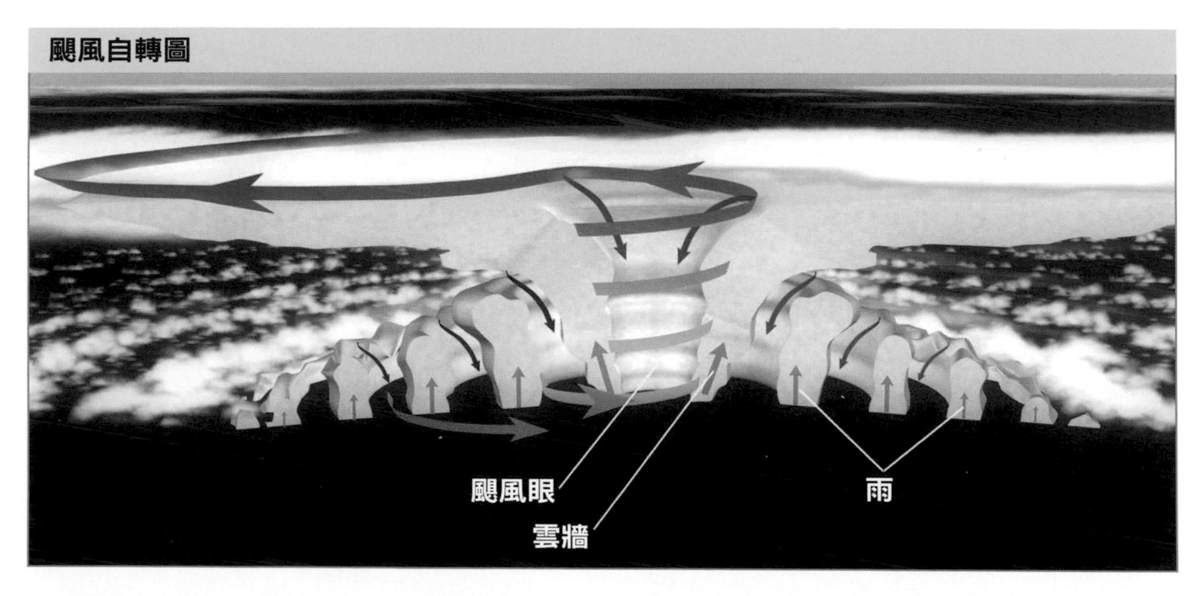

由於颶風在一個巨大的圓內旋轉，所以颶風所經過的區域，風向會不斷改變。但颶風並不都朝同一方向旋轉。颶風受多個因素共同作用的結果，在北半球會按逆時針方向旋轉，而在南半球，颶風會按順時針方向旋轉。

2005年麗塔颶風的風暴潮襲擊之後的景象。

的是雲牆，雲牆很高，有時高度可達16公里，颶風最強的風多半是從這裡產生的。」再外面是螺旋雨帶，這些雨帶是由雷暴雲構成的，它們使颶風呈螺旋形。

颶風強勁的風做出許多不可思議的事情。強風能把釘子從木頭中拔出來、把松針紮進人的皮肉中，還曾把火車掀翻。強風還把樹枝吹得到處亂飛，掀翻汽車和房屋，從而導致不小的人員傷亡。

不過到目前為止，對於絕大多數颶風來說，水所造成的死亡人數才是最多的。颶風會用強風吹起海水，形成一道道水牆，即風暴潮，淹沒沿海地區。風暴潮的高度可達9公尺（大約有三層樓高），如果加上風暴潮頂部的波浪高度，還要更高。颶風在沿海地區所造成的人員傷亡，絕大多數是由這些可怕的水牆引起的。風暴潮和海嘯有些類似，但海嘯是由海底或沿海發生的地震或火山爆發引起的巨浪。

由於颶風從溫暖的海域中汲取能量，所以颶風登陸後威力會減弱。儘管如此，颶風（或風速減到119公里，或每秒33.1公尺以下的「前」颶風）在登陸以後也可能造成人員傷亡。它會引起大量降雨，在遠離海

颶風最外面的雨帶在海面上可以衍生出水龍捲，在陸地上會衍生出龍捲風。

岸的地方導致河水氾濫，引發洪水。颶風專家史考特·凱澤說：「2001年的愛麗森是一個非常弱的熱帶風暴，但是它在德州的休士頓導致了大量降雨，造成了50億美金的損失。」颶風的暴風雨氣候還很容易催生致命的龍捲風，例如1967年的比尤拉颶風就曾經在德引發了115場龍捲風。

如果一場颶風造成的災害特別巨大，那麼人們會將它的名字從颶風輪流使用的名字表裡刪除，用一個新名字取而代之，比如，再也不會有「卡崔娜」颶風了。在按照字母順序排列的名字表裡，「卡蒂亞」取代了「卡崔娜」的位置。

「颶風一旦登陸，只要在陸地上發生足夠的旋轉運動，幾乎都會產生至少一個龍捲風。」

雪麗·穆里尤，美國國家海洋和大氣管理局颶風研究氣象學家

在下一節中，我們會看到在一些著名的颶風災難中，狂風和暴雨是如何橫行肆虐的。

可怕的怪獸

歷史上的大風暴

1938年，新英格蘭颶風產生的海浪衝擊著海堤。

風曾摧毀了許多座城市，一次奪去上萬人的生命。它們不僅改變了海岸線的形狀，也塑造了歷史。

> **「上帝啊！……天空完全籠罩在一片黑暗當中，海上起了火，風的咆哮聲甚至比雷聲還大。罕見的藍色閃電讓這一切看起來更加恐怖。可憐的小船被擠壓得很厲害，但仍在盡力掙扎，每一次的衝擊都讓它搖晃不已，發出可憐的呻吟聲。」**
>
> **阿徹中尉**，描述1780年英國船「鳳凰號」遭遇古巴颶風時的情形。

1274年和1281年：拯救了日本的颱風

700多年前，忽必烈統治蒙古帝國。這個強大帝國的疆土包括了現在的中國、蒙古共和國、韓國和亞洲其他一些地區。如果不是因為兩場颱風，忽必烈可能連日本也征服了。

1274年秋，忽必烈調集了四萬人馬，搭乘1000艘戰船，開始了征服日本之旅。剛開始蒙古軍隊旗開得勝，很快便攻下了日本的幾處要塞，而在九州的戰役也勝利在望。正當這個時候，傳來颱風逼近的消息。蒙古大軍趕回船上，想在暴風雨到來前駕船離開，但一切已經太遲了。狂暴的颱風席捲蒙古艦隊，300艘軍艦沉沒或在日本沿岸觸礁，入侵的蒙古官兵有1萬3000人罹難。就這樣，日本被一次颱風拯救了。

7年後，也就是1281年的夏天，忽必烈又開始了征服日本的計畫，這次他派兵15萬，戰艦數千艘。日本與蒙古大軍交戰一個半月，但戰爭的結果卻是另一場颱風決定的。同上次一樣，蒙古軍隊想駕船出海逃避即將到來的暴風雨，這一次同樣沒有成功。4000艘戰艦沉沒，十萬蒙古大軍死於颱風中。儘管忽必烈所乘的船成功出逃，但自此以後他再也沒有攻打日本。日本人深信是神派來暴風雨保護他們，趕走入侵者，從此開始將颱風稱為「神風」。

1609年：「可怕又醜惡的風暴」，大西洋颶風

1607年，英國的殖民者在現在的美國維吉尼亞州境內建立了詹姆士敦，他們希望這裡成為英國在美洲的第一個永久性殖民地。然而，饑餓和疾病很快開始威脅住在這裡的人們。

1609年夏天，幾艘裝載著支援物資和600多名乘客的輪船從英國出發，穿過大洋前往詹姆士敦救援。途中，船隊遭遇了颶風，一艘載著20名乘客的小船沉沒。除了最大的一艘船「海洋冒險號」之外，其餘船隻安全抵達了詹姆士敦。當時人們猜測「海洋冒險號」一定也在颶風中沉沒了。

事實上，「海洋冒險號」被吹離了航道，在百慕達島外觸了礁。這是一座位於詹姆士敦東南方約1120公里的無人島。船上的100多名乘客和船員掙扎著爬上陸地，所幸發現島上有豐富的魚可捕，充足的漿果可採。一位名叫威廉·斯特雷奇的倖存者後來這樣描寫這次颶風：

> 「可怕又醜惡的風暴開始肆虐，威力越來越大，咆哮聲越來越響，遮住了天上所有的光芒，黑暗籠罩著我們。大海湧向雲端，與上天交戰。天上的雨水像一條條大河流貫在空中。」

漂流到島上的人們用「海洋冒險號」的殘骸造出了兩艘新船。1610年的春天，他們離開百慕達島，再次前往詹姆士敦。而當時在詹姆士敦的英國殖民者度過了一個殘酷的冬天，500人中僅有60人倖存下來。

1610年5月，詹姆士敦的居民驚訝地看到這兩艘小船載著歷經船難的乘客來到殖民地。這些新來的人以及他們帶來的物資，幫助詹姆士敦渡過了難關，成為英國

在美洲的第一塊永久性殖民地。英國在美洲以此為基礎，拓展出了13個殖民地。這13個殖民地後來成為美利堅合眾國。

1900年：加爾維斯敦颶風

1900年，加爾維斯敦有3萬8000居民，是德州最大的城市之一。憑藉美麗的海灘和溫暖的海水，加爾維斯敦也是一處非常

「泥巴！所有東西都被糊上了一層15公分厚的泥巴——髒兮兮、滑溜溜的，還散發著臭味。」

馬丁·尼克爾森，描述1900年加爾維斯頓颶風之後的情形。

加爾維斯頓颶風導致數千人死亡，由於無法將全部屍體一一埋葬，所以大多數屍體都被焚燒或海葬了。

受歡迎的度假勝地。

不過這座德州的「明星城市」有個缺點：它位於距美國大陸約3公里遠的加爾維斯敦島上，所以經常遭受颶風侵襲。但是直到1900年，加爾維斯敦幾乎沒有採取任何措施，保護人們免受暴風雨侵害。

1900年9月5日，美國氣象局的預報員預測到一場正在逼近的颶風會對佛羅里達州及東海岸其他地區造成威脅。然而，颶風在途中改變了方向，轉而向西逼近德州。1900年9月8日的早上，颶風開始進入加爾維斯敦。在人們還沒有弄清發生什麼事的時候，每秒61.1公尺的強風已經開始撕裂房屋了。

和大多數颶風的情況一樣，水也是這次災難中造成最大人員傷亡的主要殺手。風暴潮和狂風掀起的巨浪，形成了6公尺高的水牆，沖進加爾維斯敦的港口，將船隻拋了出去。其中一艘船竟然被帶到了德州內陸離加爾維斯敦35公里的地方。

大水沖走了房屋，淹死了許多人。女孩安娜·德爾茲是這次災難的倖存者之一，當時，水衝垮她的房子，她掉進了水裡。安娜先是抓住一棵浮在水面的樹，之後抓住一片屋頂，最後又抓住了一塊大木板。經歷了一路的顛簸，她終於在離家29公里的地方逃離了危險。然而，其他人就沒有這麼幸運了。阿諾德·R·沃爾夫勒姆這樣描述颶風過後自己在加爾維斯敦的經歷：

「我從人行道走到了大街上，忽然踩到了一個軟軟的東西，我腳下一滑，差點摔倒。我把手伸下水，發現剛剛踩的竟然是一個女人的屍體。我趕忙走開，感到非常噁心、害怕。當繼續往前走時，我發現到處都是屍體。」

到9月8日晚上颶風離開加爾維斯敦為止，加爾維斯敦市內及周邊地區至少有7200人已經在這場災難中喪生。1900年的加爾維斯敦颶風至今仍是美國所遭遇的所有自然災害中，造成傷亡人數最多的一次。

1928年：佛羅里達州奧基喬比湖颶風

多年以前，一些美國人將所有大型暴風

直擊大災難

「他們看到其他人也像自己一樣在掙扎，一座座屋子倒塌了，牛也被轟塌聲嚇到了。但最恐怖的是狂風和洪水。在各種咆哮怒吼聲中，能聽見石頭與木頭摩擦的巨大聲響以及一聲哀號。他們回過頭，看到人們在洶湧的洪水裡嘗試逃脫，但是很快就發現一切都是徒勞，尖叫聲此起彼伏。可怕的猛獸（奧基喬比湖）甦醒了，每秒89公尺的狂風為它解開了鎖鍊。它沖上了岸，將堤壩捲走了，將房子捲走了，將房子裡的人也捲走了。海洋走上了陸地。」

左拉・尼爾・赫斯頓，在她的小說《凝望上帝》中如此描述1928年的奧基喬比湖颶風。

從太空看到的奧基喬比湖

雨一概稱為「佛羅里達颶風」。因為佛羅里達州擁有2173公里長的海岸線，比美國其他任何一個州都更容易受到颶風的襲擊。

1928年9月，風速達每秒66.7公尺的颶風襲擊了西印度群島。在波多黎各造成1500人死亡之後，颶風繼續前進，於9月16日登陸佛羅里達州，在沿海城市西棕櫚灘附近造成至少26人喪命。

在向佛羅里達州內陸深入發展時，颶風的威力依然不減。當颶風到達面積1800平方公里的奧基喬比湖時，風力仍然十分強勁，強風將湖水堆積在湖的南岸。在大風和洪水的夾擊下，岸邊幾百戶居民的家園被毀。

逃過房屋倒塌劫難的倖存者爬到樹上躲避洪水，結果其中一些人遇到了另一種災難——一種有毒的食魚蝮為了躲避洪水，也爬到了樹上。

在奧基喬比湖周圍，多達2500居民在這場颶風中喪生。直到多年後，農民仍不斷發現當年颶風受害者的遺骸。

據估計，有20億棵樹被1938年的新英格蘭颶風連根拔起。

1938年：新英格蘭颶風

在美國，並不只是南部和東南部的海岸會受到颶風侵襲。1938年的一場颶風就是該事實的一個悲慘註腳。這場原本看起來會襲擊佛羅里達州的颶風忽然改變了方向，在9月21日轉而向北，襲擊了美國東北部地區。

新英格蘭颶風的第一個目標是紐澤西州的海岸，在那裡，它掀起的狂風駭浪毀壞了很多房屋，同時摧毀了一架連接大西洋城和近海島嶼的橋樑。在紐約州的長島，幾座城鎮被毀。風暴潮的力量如此之大，以至於4800公里外的地震儀器都探測到了它的衝擊。在紐約市帝國大廈頂部測得的風速達到每秒52.8公尺。

沿海岸線再往北的羅德島州是美國當時48個州中最小的一個，它是新英格蘭

「我們看到波浪有12公尺高就像一座移動的山。」

美·希金斯，1938年新英格蘭颶風的倖存者。

颶風造成災害最嚴重的地區。海水摧毀了海邊的房屋，導致許多羅德島的居民被淹死。3.6公尺高的海浪淹沒了羅德島州的首府，也是全州最大的城市——普羅維登斯。洪水將汽車完全淹沒，迫使人們不得不逃往市中心大廈的頂樓。小說家F·范·威克·梅森後來描述他在普羅維登斯颶風期間那段經歷時寫道：

「我剛到那兒，汽車站的屋頂就掉了下來，發出鍋爐廠的那種轟鳴聲。我們眼睜睜地看著一個爬到自己車頂避難的女人被水捲走，淹死在滾滾的洪水中，卻什麼也做不了。另一個女人涉著水朝安全的地方走，突然間，她毫無預兆地消失在我們眼前，顯然她不小心掉進了一個敞蓋的下水道。淹沒在水下的車燈還在亮著，發出一種詭異的光暈。汽車喇叭浸泡在水裡短路了，全城的汽車喇叭整晚響個不停，震耳欲聾。」

新英格蘭颶風還在麻塞諸塞州奪走了幾十個人的生命，在其中一處地點，風速超過了每秒80.6公尺。9月22日，新英格蘭颶風到達加拿大後才開始逐漸減弱，截至那時，它已造成近700人死亡，約2000人重傷。

1969年：卡蜜兒颶風

1969年8月17日，電視和電臺發出一道颶風警報，通知密西西比州的沿海居民「極其危險的卡蜜兒颶風」即將到來。截止到晚上，已經有10萬墨西哥灣沿岸居民撤離到內陸地區。不幸的是，有一些人沒有聽到警報，還有一些人拒絕離開或無法離開自己的家園。

卡蜜兒颶風在當晚9點左右登陸了密西西比州的沿海地區。風速高達每秒89公尺，風暴潮有7.5公尺高，海邊1公里範圍內的居民區有許多房子被摧毀。颶風掀起的海浪非常猛烈，竟然將密西西比州比洛西克城外的希普島分成了兩半。這兩個部分後來被稱為東希普島和西希普島，兩島之間的水域被稱為卡蜜兒分割線。

雖然很多房屋倒塌並被洪水沖走，但還是有很多驚人的生存奇蹟。例如，住在密西西比州格爾夫波特的賈桂琳·海因斯和萊昂·海因斯爬上了18公尺高的室外電視天線上逃避洪水。「隨著水面不斷上升，我們只好一直往上爬，」賈桂琳後來回憶說：「我看到洪水漫過了我們的房頂，後來連房頂都看不到了，整棟房子都淹沒在水裡了。」當這對夫婦爬到了電視天線約一半高的位置時，突然電視天線折斷了，他們掉到了水裡。幸運的是，他們家的屋頂從房子上鬆脫了，像筏子一樣漂在水上，他們及時爬了上去。就這樣，他們一直待在屋頂上，直到淩晨3點半洪水消退。

在墨西哥灣沿岸，大約有175人因這場颶風而死亡。後來風暴雖然減弱了，卻又給維吉尼亞州和西維吉尼亞州帶來了大量的雨水，引發了致命的洪水。直到卡蜜兒颶風在加拿大海岸消失為止，它在美國一共奪走了325人的生命。

直擊颶風

「我打開樓上浴室的窗戶往外看，水剛好漫過我的窗戶——這個高度是6.7公尺。浴室裡的水越來越高，房子隨著洪水和每秒85公尺的強風開始晃動。這個時候我知道我們必須離開這棟房子。我們必須跳到水裡去。」

南茜．普賴爾．威廉斯，在卡蜜兒颶風當中，她和三個孩子抓緊水面上的漂浮物存活了下來。

1970年：東巴基斯坦氣旋

孟加拉灣在地圖上看起來像是印度洋伸向亞洲的手臂，這裡所產生的熱帶氣旋在過去幾百年裡已經奪走了數百萬人的生命。1970年年底，一個氣旋在孟加拉灣形成，開始向東巴基斯坦（即現在的孟加拉）挺進。住在這個氣旋路經地區的貧窮農民和漁民幾乎沒有收到任何預警。更糟糕的是，他們住在非常簡陋的房屋中，極易受到狂風暴雨的摧殘。

1970年11月12日夜間到13日淩晨，這個熱帶氣旋襲擊了東巴基斯坦海岸。呼嘯的狂風每秒62.5公尺，驚醒了小屋裡熟睡的人們。跑到屋外的人們看見巨大的風暴潮正撲面而來。

有些人爬到了棕櫚樹上，有些人靠著竹竿浮在水面上，甚至有的人緊緊抓住牛的尾巴，成功逃脫了厄運。但是，其他人則在6公尺多高的水牆摧殘下，慘遭不測。在一個人口稠密的近海島嶼上，只有一隻狗活了下來，島上無一人生還。

人們估計，1970年的東巴基斯坦氣旋奪走了超過50萬居民的生命。這場史上最致命的熱帶氣旋所造成的傷亡人數超過了其他任何熱帶氣旋、颱風或颶風，它所造成的人員傷亡甚至超過了在美國所有自然災害中死亡人數的總和。

「我們的鎮看上去就像是災難電影裡的場景：樹全都倒下了，汽車都被掀了個底朝天，房子都被毀了，兩具屍體卡在我們家門口。」

派特·麥斯威爾，描述1969年卡蜜兒颶風過後，她所在的密西西比州長灘鎮的情景。

直擊氣旋

「波浪的力量太可怕了，它把我舉起來，就像我舉起我的孩子那樣毫不費力。天太黑，我什麼也看不見；風聲太大了，我什麼都聽不到。但我還是用一隻手緊緊抓著妻子的手，另一隻手緊緊抓著一個孩子的手。接著我又被舉起來，然後被重重地扔到一個硬物上，昏了過去。等我醒過來的時候，我發現自己抱著一棵樹，手卻是空的了。從那以後，我再也沒有見到我的妻子和八個孩子。」

一位名叫哈珊的男子，1970年東巴基斯坦氣旋的倖存者。

什麼都沒有了 颶風的預測及警報

氣象學家在位於佛羅里達州科勒爾蓋布林斯的美國國家颶風中心工作。

颶風產生了很多令人頭痛的問題。這些年來，可能遭受大型風暴威脅的人數大幅增長。截止到2006年，居住在大西洋和墨西哥灣沿岸地區的美國人已經超過6000萬人，相當於1890年整個美國的人口數量。

不僅如此，颶風還變得更具威脅性。2005年對於美國來說是一個可怕的颶風年，卡崔娜颶風只是那年發生的颶風之一。位於邁阿密的美國國家颶風中心，有一份包含21個名字的名單，用於為每年可能發生在大西洋和墨西哥灣的熱帶風暴和颶風命名。2005年創紀錄地發生了27次熱帶風暴及颶風，以至於列表上的所有名字都用完了，剩下的6個風暴只能用希臘字母命名。

2005年，「風暴追逐者」喬治·庫魯尼斯在佛羅里達州測量丹尼斯颶風的風速。

「我在密西西比州沿岸地區目睹了卡崔娜颶風所造成的破壞。你幾乎分辨不出自己到底身在何處，因為除了建築倒塌後留下的混凝土板，什麼都沒有了……我們開車走了好久，所有地方都一樣，一切都不見了。」

史考特·凱澤，美國國家氣象局颶風專家

2005年發生的大西洋熱帶風暴及颶風

名稱	最高風速	發生時間
阿爾琳熱帶風暴	每秒31.4公尺	6月8日至6月13日
布雷特熱帶風暴	每秒17.8公尺	6月28日至6月29日
辛蒂颶風	每秒33.6公尺	7月3日至7月7日
丹尼斯颶風	每秒66.9公尺	7月4日至7月13日
艾蜜莉颶風	每秒71.4公尺	7月10日至7月21日
富蘭克林熱帶風暴	每秒31.4公尺	7月21日至7月29日
哥特熱帶風暴	每秒17.8公尺	7月23日至7月25日
哈威熱帶風暴	每秒29.2公尺	8月2日至8月8日
艾琳颶風	每秒44.7公尺	8月4日至8月18日
荷西熱帶風暴	每秒22.2公尺	8月22日至8月23日
卡崔娜颶風	每秒78.3公尺	8月23日至8月31日
李熱帶風暴	每秒17.8公尺	8月28日至9月2日
瑪麗亞颶風	每秒51.4公尺	9月1日至9月10日
內特颶風	每秒40.3公尺	9月5日至9月10日
奧菲莉亞颶風	每秒38.1公尺	9月6日至9月18日
菲利浦颶風	每秒35.8公尺	9月17日至9月24日
麗塔颶風	每秒78.3公尺	9月17日至9月26日
斯坦颶風	每秒35.8公尺	10月1日至10月5日
泰米熱帶風暴	每秒22.2公尺	10月5日至10月6日
文斯颶風	每秒33.6公尺	10月9日至10月11日
威爾瑪颶風	每秒82.3公尺	10月15日至10月25日
阿爾法熱帶風暴	每秒22.2公尺	10月22日至10月24日
貝塔颶風	每秒51.4公尺	10月27日至10月31日
伽瑪熱帶風暴	每秒20公尺	11月18日至11月21日
德爾塔熱帶風暴	每秒31.4公尺	11月23日至11月28日
艾普西隆颶風	每秒33.6公尺	11月29日至12月8日
澤塔熱帶風暴	每秒29.2公尺	12月29日至2006年1月6日

2005年，斯坦颶風過後，肆虐的洪水沖毀了墨西哥恰帕斯州的鐵路和一座橋。

除了風暴命名最多之外，2005年還破了很多其他紀錄。之前，一年中發生在大西洋和墨西哥灣的颶風次數最多的紀錄是1969年的12次，而在2005年一共發生了15次；一年內發生5級颶風次數最多的紀錄，之前是1960年和1961年的各2場5級颶風，然而一個新的紀錄在2005年誕生了，這一年竟然出現了4次5級颶風：艾蜜莉颶風、卡崔娜颶風、麗塔颶風和威爾瑪颶風；不僅如此，記錄在案的6次最強颶風中，有3次（卡崔娜颶風、麗塔颶風和威爾瑪颶風）發生在2005年。

2005年以前，大型颶風襲擊美國海岸次數最多的一年是2004年，那一年發生了3次大型颶風。而這一紀錄也在2005年被4次大型颶風（丹尼斯颶風、卡崔娜颶風、麗塔颶風和威爾瑪颶風）的紀錄打破。2003年、2004年和2005年這三年共發生了30次颶風，而在此之前，連續3年內發生颶風次數最多的時期是1886年至1888年，共發生了27次。

氣象學家史考特·凱澤解釋說：「事實上，從1995年開始，我們已經進入了巨型颶風多發期。」看起來似乎颶風活動劇烈期的出現是一種自然現象，是海洋和大氣中一些我們還不能完全理解的週期性變化造成的。

「20世紀50年代和60年代也是颶風活動的高發期，」凱澤說，「例如，1961年的卡拉颶風威力非常大，風暴雲甚至覆蓋了整個墨西哥灣。德州中部海岸的強風每秒達75公尺。1965年的貝琪颶風是第一場造成損失超過10億美元的風暴。它在紐奧爾良的時候，風速達到每秒55.6公尺。這場風暴引發的洪水漫過了堤壩，造成市區淹水，某些地區的積水達到房子的屋頂。」

另外，許多科學家相信，人類對地球大氣環境的污染也是造成颶風活動加劇的原因之一。

當我們燃燒汽油、石油、天然氣和煤炭的時候，大量的二氧化碳（CO2）氣體被釋放到大氣中。在過去的兩百年裡，大氣中的二氧化碳含量已經大大增加。二氧化碳把本該逸散到太空中的熱量封鎖在大氣中，從而使得地球變得更暖和。人類排放的其他污染物同樣也會阻止熱量的散發，結果就是大家熟知的「全球暖化」。20世紀末，地球的溫度上升了大約攝氏0.7度。而在21世紀，地球的溫度很可能會再上升好幾度。

與地球上其他地方一樣，海洋也已經開始變暖。研究發現，海面下300公尺水層的溫度與50年前相比，已經上升了約攝氏0.3度。由於颶風以溫暖的海洋水域為能量來源，許多科學家認為21世紀會發生比過去更強大的颶風，大型颶風的數量也有可能增多。

幸運的是，在颶風方面還有一些好消息。在過去的幾十年內，我們已經大大提高了預測風暴襲擊地點及時間的能力。現在，世界各地的氣象機構都在認真地追蹤颶風、颱風和熱帶氣旋的動態。除了美國，

1989年，南卡羅來納州的一個障壁島棕櫚島，在雨果颶風襲擊過後，船隻堆疊在一起。

直擊颶風

「在我們的飛機開始顛簸起來的時候，雨水也開始敲打窗戶，在窗戶上連成了一條條線。當駕駛員將飛機駛進風暴中風最強的雲牆時，飛機顛簸得更厲害了。上升氣流和下降氣流使飛機四處亂撞。我們雖然都繫著安全帶和肩帶，但是有一陣飛機顛簸得實在太劇烈了，我把手壓在身子下面，以免手胡亂揮舞。厚厚的雲層遮住了陽光，機艙變暗了。我們測量了一陣強風的風速，是每秒66.7公尺。終於，經歷了最後一陣顛簸之後，我們衝出了雲牆，來到了風眼中間。太陽照耀著，周圍灑滿了陽光，風也變輕柔了。飛機周圍高高的雲牆上方是藍藍的天空，抬頭望著風眼四周的雲層，我感覺自己就像一隻站在一隻巨碗中央的小小螞蟻。」

氣象學家**迪克·弗萊徹**，回憶1984年與美國國家海洋和大氣管理局的「颶風獵人」一同乘坐飛機飛入戴安娜颶風眼內的情景。

「颶風獵人」的飛機配有特殊裝備，能飛入颶風之中收集資料，並將機組人員和科學家安全帶回地面。

其他許多國家，包括墨西哥、日本、中國、澳洲、印度、泰國、韓國和印尼，都建立了風暴監測系統，在大型風暴來襲時向民眾發出預警。

太空中的氣象衛星是監測海上風暴的主要工具。美國在1960年發射了一顆名叫「泰羅斯一號」(Tiros I)的人造衛星，這是第一顆將詳細的氣象圖片傳回地球的衛星。此後，美國、日本、歐洲國家與中國紛紛發射了多顆氣象衛星，用以獲取有關海洋風暴的移動、大小和強度的圖像和資料。

雷達是另一種被廣泛使用的重要工具。雷達信號遇到天空中的雨滴會反射回來，因此可以提供關於颶風水氣的資訊。美國還會派遣被稱為「颶風獵人」的飛行人員駕駛飛機飛進颶風當中。「颶風獵人」會飛入颶風眼來收集資料。儘管在颶風當中飛行十分顛簸，但「颶風獵人」收集的風暴資訊有助於科學家預測颶風下一步的發展情況。

對於威脅美國的颶風，邁阿密的美國國家颶風中心科學家會研究氣象衛星、飛機和雷達收集到的資訊，利用電腦預測颶風可能在哪裡登陸，強度有多大。如果國家颶風中心的預報員得出結論，一場颶風可能在36小時內襲擊沿海地區，他們就會發布颶風警戒。因為颶風可能改變方向，所以為了保險起見，颶風警戒的目標地區要大於實際可能遭受颶風侵襲的範圍。海岸地區的人們接收到颶風警戒時，應該這樣做：

- 密切關注可能從電視和無線電廣播發出的進一步預報。
- 確定自己至少有一種撤離方式，沒有車的民眾必須安排好用其他方式離開當地。
- 計畫逃生路線，在絕大多數情況下，最好往背海的方向撤離。
- 準備足夠的飲用水和其他緊急物品。
- 做好將窗戶用木板封住的準備，並將戶外物品固定住，如船和農具。這樣除了可以保護這些物品外，還可以防止它們在颶風中被刮起變成傷人的武器。

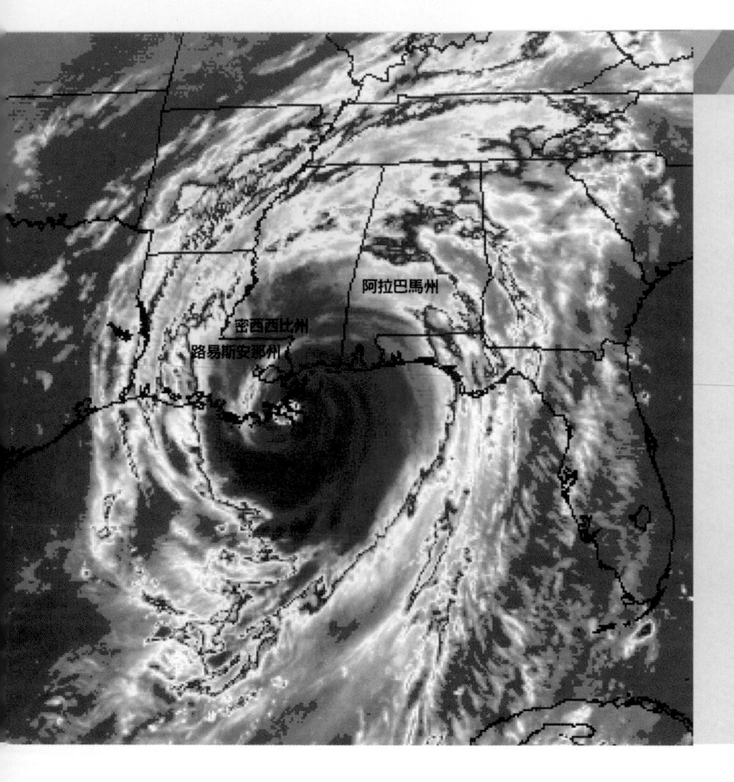

直擊颶風

「我和『颶風獵人們』一起飛進颶風很多次了，最近的一次是2005年飛進麗塔颶風。我們從飛機裡投下一個叫做『GPS下投式測風探空儀』的儀器，它會穿過風暴，每隔0.5秒收集一次資料。這些資料包括風速、風向、氣溫、相對濕度和氣壓。在檢查數據無誤之後，我會把資料通過衛星傳到國家颶風中心。通過這些資料，我們就能判斷颶風正在減弱還是增強，並且進一步完善電腦氣象模型，從而更好地預測颶風行進的方向和強度。」

雪麗·穆里尤，美國國家海洋和大氣管理局颶風研究氣象專家

如果颶風警戒變成颶風警報，那麼說明情況已經變得緊急。颶風警報意味著一場颶風將在24小時內到來。警報地區內的居民應該這樣做：

- 在當局建議撤離該地時，馬上撤離。居民應該向內陸方向撤離，或者如果當局建議的話，前往當地的風暴避難所躲避。
- 如果因某種原因不能離開家中的話，必須確保所有人和寵物都待在室內。
- 如果留在家裡，要持續收聽天氣廣播，並遠離窗戶。

有一點要務必牢記，颶風也能為離海邊很遠的內陸地區引發洪水。所以當颶風或其殘餘勢力來襲時，居住在易發洪水的內陸河附近地區的人們可能也必須撤離。

不管怎樣，應對颶風的時候，有一點

2005年，海棠颱風為中國浙江省帶來了強風和暴雨。

必須牢記於心。在卡崔娜颶風災難中倖存的路易士·阿旁德·默塞德神父將這一點簡單明瞭地表達了出來：

千萬不要忽視颶風警報。無論什麼時候，當聽到颶風要來臨，一定要認真對待。如果可能的話，儘快遠離危險地區，而且要在風暴來臨之前離開。

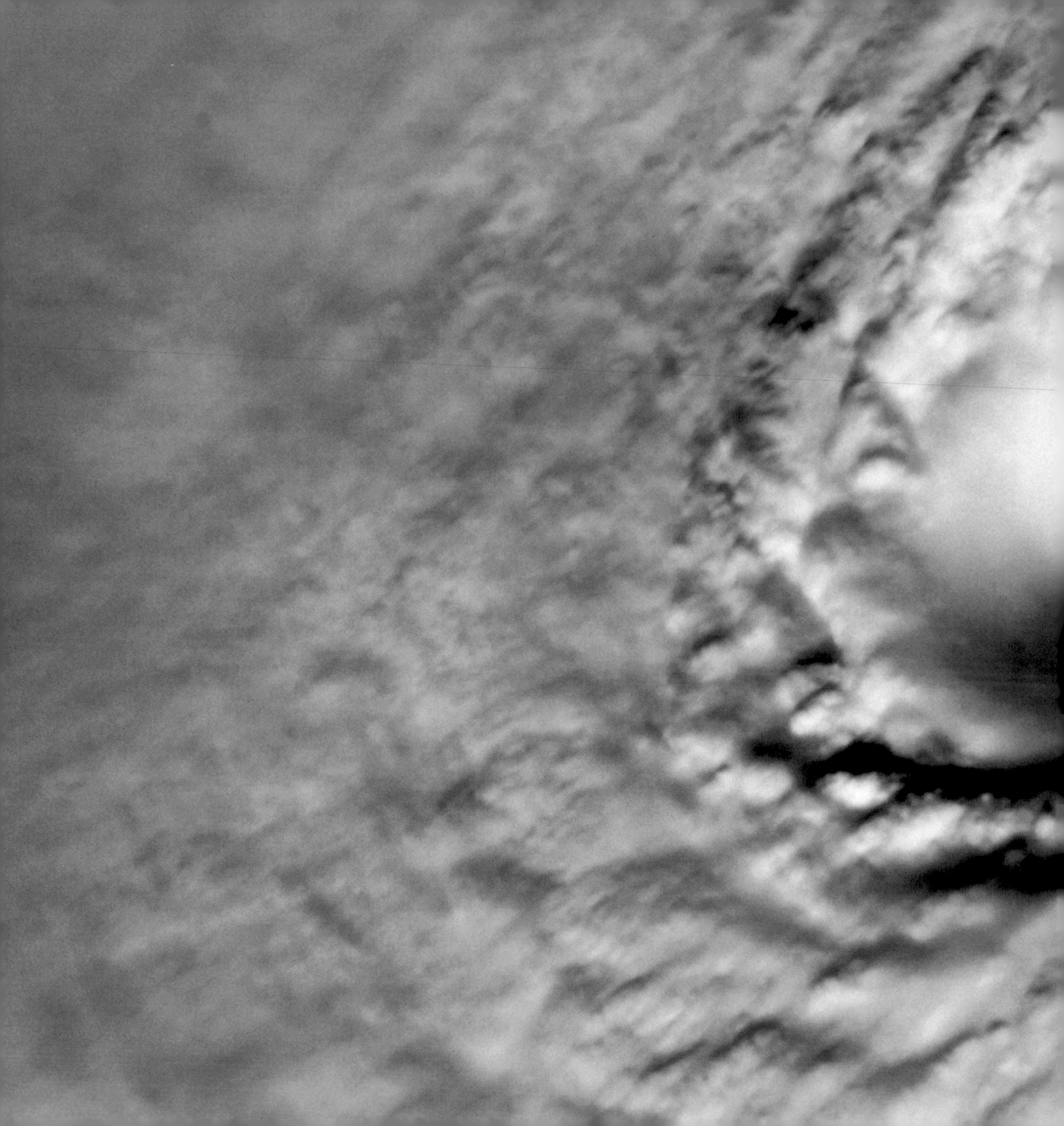

「身處颶風眼時，你除了學到科學知識，
還會有更多體驗。你會感覺到人類和人的
作為有多麼渺小。」

——新聞播報員愛德華·R.默羅，
1954年和「颶風獵人」一起飛進埃德娜颶風眼中。

颱風之島——台灣

台灣的颱風

「颱風」名稱的由來，英文「颱風」（typhoon）這個字的來源，有人認為是從廣東話或客語「大風」演變而來；但也有學者認為是從台語「風篩」演變而來。另外，在中國大陸與日本，「颱風」均寫作「台風」，被認為與台灣有關。台灣每年平均受到三～四個颱風的侵襲，有更多颱風從台灣附近經過，若說颱風這個名詞由來與台灣有關，應該也算當之無愧了。

根據中央氣象局的資料，自1911年至2010年的一百年間，共有347次的颱風侵襲紀錄（指颱風中心在台灣登陸，或自近海通過，但造成陸上災情者），主要集中於7、8、9月，每個月均超過80個颱風。其中有四年（民國3年、12年、41年及90年）曾受到七次颱風侵襲，另有兩年（民國30年及民國53年）完全未受到颱風侵襲。此外，這一百年間共有174次颱風在台灣登陸，從花東地區登陸的颱風多達91個，約占了52%，其次才是東北部與西南部。要注意的是，季節也會影響颱風的行徑，例如秋颱的走向特別詭異難測，這是因為秋季中緯度的大氣環流變得比夏季複雜，導致颱風容易出現徘徊、打轉、向北，甚至轉向西南。另外，秋颱也容易豪雨成災，這是因為秋颱的外圍環流可能與東北季風結合，在台灣東北部或東部降下豪雨，例如1987年10月的琳恩颱風，2000年11月的象神颱風，以及2009年10月的梅姬颱風皆是如此。

「颱風」和「颶風」的分級

世界各地的氣象局為氣象預報所需，針對颱風或颶風有不同的分級方式，以下簡要列出台灣的中央氣象局與美國國家颶風中心的分級標準如下：

蒲福風力級數對照	中央氣象局	美國國家颶風中心
6~7	熱帶性低氣壓 13.9 ~ 17.1 m/s	熱帶低氣壓
8~10	輕度颱風 17.2 ~ 32.6 m/s	熱帶風暴
12~15	中度颱風 32.7 ~ 50.9 m/s	一級颶風 33 ~ 42 m/s
		二級颶風 43 ~ 49 m/s
16~17	強烈颱風 ≧ 51 m/s	三級颶風 50 ~ 58 m/s
		四級颶風 59 ~ 69 m/s
		五級颶風 > 70 m/s

颱風的研究—追風計畫

台灣因為位在颱風行經路徑的陸地首衝，每年因為颱風的直接侵襲，或間接引進的西南氣流，引發水災、山崩、土石流等，造成無數生命財產的損失。因此，颱風研究與預報準確度便相形迫切而重要。

本書提到美國的「颶風獵人」，在台灣也有世界唯二，東亞第一的「追風計畫」，全名為「侵台颱風之飛機偵察及投落送觀測實驗」。計畫主持人，也是台灣大學大氣系吳俊傑教授指出，台灣因為正好位於颱風形成後，侵襲陸地的前緣，恰是研究颱風的最佳地理位置。1996年賀伯颱風侵台，超大雨量造成台灣有史以來最駭人的土石流；其後2001年桃芝與納莉颱風也先後在花蓮和台北造成慘重的災情，促使國科會積極支持颱風重大研究計畫，促成了2002年「追風計畫」的誕生。

當有颱風接近台灣時，「追風計畫」的機組與氣象研究人員便在惡劣的天候周遭飛行，以每架次五～六小時時間直接飛到颱風周圍約13公里的高空投擲十數枚能測量氣壓、溫度、濕度、風速等大氣資料的投落送（dropsonde），取得颱風周圍關鍵區域的第一手大氣環境資料，作為台灣與全球各氣象中心颱風預報及颱風研究的重要依據。

這項計畫自2003年至今，已針對42個颱風完成55航次的飛機偵察及投落送觀測任務，不僅提供寶貴的颱風氣象資料，也為台灣在國際颱風研究所扮演之重要角色開啟新頁。

颱風天安全建議

在沿海地區，颱風往往會引發強烈的風雨，甚至洪水，因此，我們不僅要對抗狂風的肆虐，還要在洪水中求生。下面這些安全建議，也許不能百分之百保護我們遠離危險，但至少可以為我們提供一線生機。

•颱風來襲前，應準備好應對颱風的急救包，其中放置蠟燭或手電筒、小收音機、乾糧、急救藥品等，家中也要儲備1-2天的食物和飲用水。

•屋外、院內，各種懸掛物應取下收藏，避免物件被風吹起，造成傷害。

•關閉非必要門窗，加釘木板或在門窗貼上膠帶。

•隨時收聽最新颱風或暴雨特報，若是居住在山邊或低窪地的民眾，需防土石流或暴雨，做好撤離的準備。

•非必要，避免外出，也不要到海邊觀浪。

颱風是大自然裡最劇烈的天氣現象之一，至目前為止，即使現今科技已相當發達，仍無法改變它。颱風每年造成台灣巨大的災情，不過也同時帶來豐沛的雨量，讓台灣的大地免於乾涸枯竭。近年來全球暖化，導致更多極端氣候，加上特殊的地形環境，及國土過度開發使用，台灣對颱風的威脅更加敏感脆弱。既然註定要與颱風共生，我們一定要從過去的慘痛經驗學得教訓，找到與大自然和諧共處的方式，將颱風災害減到最低。

辭彙表——地震

三劃

山崩（landslide）：泥土和石頭從山坡上快速滑下的現象。

四劃

火山（volcano）：高溫熔岩在地面的噴發口，或者是這種噴發形成的山體。

火災旋風（fire storm）：由大火本身引起的強勁旋風。

六劃

地函（幔mantle）：地球內部結構中的一層，位於地殼與地核之間。

地核（core）：地球的最內層，或地球的中心。

地殼（crust）：地球的最外層。

地質學家（geologist）：研究岩石、山體和其他地球地理地貌的科學家。

地震（earthquake）：因由地下岩石斷裂引起的大地震動的現象。

地震波（seismic wave）：地震時從震源發出在地球內部傳播的震動，我們在地震時感覺到的就是地震波。

地震規模（magnitude）：地震的強度或地震釋放出的能量多少的相對量度。

地震儀（seismograph）：一種探測並測量地震的儀器。

地震學（seismology）：地質學的一個分支，專門研究地震的學科。

日本神戶市發 生 地震 後，這個人沒能像平常那樣搭乘火車，而是沿著鐵軌步行。

地震學家（seismologist）：研究地震的專家。

八劃

板塊構造學說（Plate Tectonic Theory）：一項認為地球的地殼和地函幔由若干堅硬的、由岩石構成並緩慢移動著的板塊組成的科學理論。

九劃

前震（foreshock）：一些大地震發生前的同一震源體、較小規模的地震。

氡氣（radongas）：一種放射性氣體，即將發生地震的地區地殼中的氡氣含量經常會升高。

十劃

海嘯（tsunami）：發生在海底下或海邊的地震或火山爆發所引發造成的巨浪。

十一劃

雪崩（avalanche）：雪從山坡上快速滑下的現象。

十三劃

傾斜儀（tiltmeter）：用來測量大地斜度或坡度變化的儀器。

十五劃

震央（epicenter）：地震震源正上方的地表面位置。

震源（focus）：地震在地下破裂的起源處。

餘震（Aftershock）：大地震過後某一時間段內發生在同一震源破裂區的所有地震的統稱，主要由地下斷裂的岩石調整變化引起。

應變儀（strainmeter）：用來測量斷層附近岩石運動的儀器。

十八劃

斷層（fault）：地下岩石斷裂或錯動的地方。

土耳其西部的一次地震後，一座倒塌的房屋把一輛汽車壓在了下面。

辭彙表——火山

四劃

火山（volcano）：由地下噴發物質構成的山。

火山口（vent）：岩漿從中噴出的地表出口。

火山灰（volcanic ash）：火山噴 發 時 噴 射出的 高 溫岩石 碎屑，直徑不超過0.4公分。

火山泥流（lahar）：流動速度很快的水和碎石的混合物，在火山上形成並流下。

火山渣（volcanic cinder）：火山噴發出的石頭碎片，內部呈海綿狀有空隙，直徑一般不超過2.5公分。

火山渣錐（cinder cone volcanoes）：圓錐形的火山，由火山噴發出的火山灰、火山渣和其他岩石質的噴發物堆砌而成。

火山碎屑流（pyroclastic flows）：高溫氣體和岩石碎片的混合物，會以很高的速度衝下火山。

火山塵（volcanicdust）：火山噴發出的直徑最小的岩石顆粒。

火山噴發（volcaniceruption）：火山猛烈噴射出固體物質或已熔化物質的過程，這些噴發物質包括熔岩、火山灰和石塊。

火山噴發氣體（volcanicgas）：火山噴發釋放出的可能致死的氣體。

火山彈（volcanic bombs）：火山噴發時噴射出的大型石塊，有時重量可達幾噸。

火山學（volcanology）：研究火山的科學。

火山學家（volcanologists）：研究火山的科學家。

六劃

休眠火山，或休火山（dormant volcanoes）：在過去幾個世紀中曾經噴發過、目前平靜但將來有可能再次噴發的火山。

地殼（crust）：地球的最外層。

地函（mantle）：地球多層結構的其中一層，位於地殼之下，密度與溫度皆高。

地熱能（geothermal power）：利用地球內部熱量獲得的能量。

地質學家（geologists）：研究岩石、山體和其他與地球地理有關方面的科學家。

地震（earthquake）：由地下岩石運動引起的地面不斷震動的現象。

地震儀（seismometers）：可偵測並度量地震活動的儀器。

複式火山（composite volcanoes）：由岩石碎片和熔岩組成的火山，坡度較陡。

死火山（extinctvolcanoes）：應該不會再噴發的火山。

八劃

岩漿（magma）：地表下部分熔化的岩石，由液體狀的礦物和氣泡組成。

岩漿庫（magmachamber）：巨大的地下岩漿儲存池。

九劃

活火山（activevolcanoes）：有噴發跡象的火山，或者近年來噴發過的火山。

盾狀火山（shieldvolcanoes）：主要由熔岩流形成的火山，坡 度和緩。

十劃

氣體檢測器（gasdetectors）：可用來監測有無火山噴發氣體從地下逸出的儀器。

海底山，海丘（seamounts）：從海底升起的水下火山。

海嘯（tsunamis）：由海底或海邊的火山噴發和地震引起的、快速移動的巨型海浪。

十三劃

傾斜儀（tiltmeters）：可檢測出火山噴發前山體是否膨脹的儀器。

溫泉（hot springs）：被岩漿加熱的熱水池。

十四劃

熔岩（lava）：從火山內部流出到達地面的岩漿。

十五劃

熱點（hotspots）：地下有溫度極高的岩石的地方。

辭彙表——海嘯

大海嘯（megatsunami）：浪高達到或超過40公尺的海嘯。

大退潮（drawback）：有時發生在海嘯來臨之前的突然又迅速的退潮現象，和普通的退潮不同。

小行星（asteroid）：太空中由岩石構成的物體，有的體積比較大，主要分布在火星和木星之間。

山崩（landslides）：岩石、泥土和其他物質從坡（包括水下的斜坡）上快速滑下的現象。

太平洋火環（Pacific Ring of Fire）：太平洋周圍的環形地帶，在這個地帶經常發生火山爆發和地震。

古海嘯（paleotsunami）：人類有文字記載之前發生的海嘯。

地質學家（geologist）：研究岩石、山體和地球其他部分的科學家。

地震（earthquake）：因地下岩石斷裂而造成的地面震動。

地震儀（seismometer）：檢測並測量地震的儀器。

珊瑚（coral）：海洋中不計其數的微小動物所形成的石灰質物體。

海嘯波浪先是沖到陸地上，然後又退回到海裡，將原本筆直的鐵路沖得彎彎曲曲。

飛濺海嘯（splash tsunami）：沿海山體上的大塊岩石和或冰塊墜落到海洋中所引發的海嘯。

振幅（amplitude）：海嘯的高度。

浮標（buoy）：浮在水面的裝置，經常用來引導船隻，有時也用於科學研究。

海嘯（tsunami）：海底或沿海地區發生的地震、火山爆發或其他地質活動所導致的一系列波浪。

海嘯波列（tsunami wave train）：海嘯的一系列波浪。

海嘯警報（tsunami warning）：一種通告，通知發生海嘯的幾率很大，並且海嘯可能會襲擊某些地區，這些地區的居民應該立即疏散。

海嘯警戒（tsunami watch）：一種通告，通知有可能會發生海嘯，人們應當繼續注意後續的通告。

彗星（comet）：太空中由冰、塵埃、金屬、氣體和岩石構成的物體，在靠近太陽的時候會出現長長的「尾巴」。

深海壓力探測儀（deep-sea pressure detector）：設置在海底、測量水壓變化的儀器，可用來探測海嘯。

疏散（evacuate）：出於安全原因離開某個區域。

隕石（meteorite）：來自太空，落到地球上的由岩石或金屬構成的物體。

驗潮儀（tide gauge）：一種安裝在島嶼和大陸沿海地區的儀器，用來監測海平面的變化。

在阿拉斯加的惠蒂爾，1964年的阿拉斯加海嘯竟將一塊木板硬生生插進一種特別堅固的卡車輪胎裡。這次海嘯的威力可見一斑。

辭彙表——乾旱

四劃

天氣（weather）：大氣中溫度、濕度和風等的氣象變化。

水文學家（hydrologist）：以水為研究標的的科學家。

水庫（reservoir）：截斷小溪或河流形成的人工湖泊。

水循環（water cycle）：水由地面升到空中、再由空中返回地面的循環過程。

六劃

休耕（fallow）：農田在農作物生長的季節暫停耕種，以使土壤積聚水分。

全球暖化（global warming）：認為空氣污染使地球溫度升高的理論，可能導致反常天氣，如乾旱、洪水和颶風更頻繁地發生。

污染物（pollutant）：使地球的空氣、水和陸地變髒的物質。

七劃

沉積物（sediment）：呈分層狀的泥沙類物質，通常由水和風力堆積而成。

沙塵暴（dust storm）：旋風捲起大量鬆散的沙和土，並帶到遠處的現象。

沙漠（desert）：年平均降水量少於約250公釐的乾燥地區。

防護林（shelterbelt）或防風帶（windbreak）：由樹木組成的屏障，作用是保護農田和土地免受風力破壞。

八劃

季風（monsoon）：使亞洲南部通常造成乾冷與濕暖兩種截然不同季節的風。

表土（topsoil）：肥沃土壤的最上層，可種植農作物。

九劃

侵蝕（erosion）：土壤和岩石被水或風剝落，帶到其他地點的過程。

保護（conservation）：對自然資源（如土壤、水等）的恰當照管和保存。

降水（precipitation）：雨水、融雪和其他形式的水分。

十劃

氣候（climate）：一個地區多年內的典型或平均天氣。

氣候學家（climatologist）：研究氣候的科學家。

十一劃

乾旱（drought）：地區降雨量遠低於正常或平均水準的一段時期。

梯田化（terracing）：在山坡上建設梯田以保持水分。

淡水（fresh water）：含鹽分極少的水。

雪塵暴（snuster）：伴隨著降雪的塵暴。

十二劃

減災（mitigation）：降低某事或某物的危害性的過程，常常通過預先採取行動實現。

貯水池（catchments）：用來貯存雨水和其他降水的水塘。

週期（cycles）：以非常規律的時間重複發生事件的間隔。

十四劃

黑塵暴（black blizzards）：一種塵暴的綽號，這種塵暴極其嚴重，會令天色一片漆黑。

塵肺炎（dust pneumonia）：由灰塵引起的一系列呼吸疾病。

沙塵窩（Dust Bowl）：在20世紀30年代受塵暴猛烈打擊的區域，包括堪薩斯州、科羅拉多州、新墨西哥州、德州和奧克拉荷馬州的部分地區。

蒸發（evaporation）：水轉化為水蒸氣的過程，日常的說法是「乾掉」。

十五劃

熱帶雨林（tropical rain forest）：生長在溫暖地區、年降水量通常大於2000公釐的森林。

十八劃

覆蓋作物（cover crops）：為了保護、滋養土壤而種植的作物。

饑荒（famine）：食物極度缺乏，有時由乾旱引起。

灌溉（irrigation）：透過建造水壩、開鑿運河等人工手段，將水引入乾旱地區的過程。

水很少時，每一滴都是珍貴的，每一滴都不能浪費。這名澳洲的男子正在舀起街上的流水。

辭彙表——颶風

三劃

大氣（atmosphere）：包裹在天體周圍的氣體，在地球周圍的氣體我們通常稱之為空氣。

四劃

天氣（weather）：空氣的情況，包括風、溫度和濕度等因素。

天氣預報員（forecaster of weather）：研究天氣資料並預測未來天氣狀況的人。

內陸（inland）：遠離海岸，朝內陸方向。

內陸洪水（inland flood）：發生在距海岸有一定距離的內陸地區洪水，有時是由颶風帶來的降雨所導致。

六劃

全球暖化（global warming）：認為空氣污染正導致地球氣溫上升的理論，全球暖化可能導致一些異常天氣出現，其中包括比過去威力更為強大的颶風。

污染（pollution）：造成星球上空氣、水和土地變得不乾淨時所產生的狀況。

八劃

沿岸（coast）：沿著大片水域的陸地。

九劃

風暴潮（storm surge）：由風力推動前進的海水牆。

這名男子手上拿著的是「颶風球」，這是大自然製造出來的古怪工藝品之一。植物的碎屑在狂風巨浪中不停旋轉，有時會「編織」出這種密實的球體。

風暴避難所（storm shelter）：一種能夠抵擋風暴，人們在風暴期間可以進去躲避的建築物。

十劃

逆時針方向（counter clockwise）：與鐘錶指針移動的方向相反。

氣候（climate）：一個地區常年表現出的典型天氣。

氣象衛星（weather satellite）：繞地球旋轉、監控地球天氣情況的空中飛行器。

氣象學家（meteorologist）：研究天氣的科學家。

氣壓（air pressure, or atmospheric pressure）：由於空氣重量而產生的壓力。颶風由低氣壓系統演化形成，颶風眼處的氣壓往往極低。

週期（cycle）：以非常規律的時間間隔發生的事件。

十一劃

旋風（whirlwind）：旋轉的暴風。

堤壩（levees）：防止河流或湖泊氾濫的牆體（可能是自然形成的，也有可能是人為修築的）。

十二劃

雲牆（eyewall clouds, or wall clouds）：在風眼附近的風暴雲，颶風的最強風和最大暴雨在這裡產生。

順時針方向（clockwise）：鐘錶指針移動的方向。

疏散（evacuate）：基於安全理由，從某地撤離。

十三劃

蒸發（evaporation）：水變成水蒸氣的過程。

雷達（radar）：一種透過反射回來的無線電波探測以研究遠處物體的儀器；氣象監控是其用途之一。

十四劃

颱風（typhoon）：北太平洋地區颶風的統稱。

十五劃

熱帶（tropic）：地球上赤道以南、以北各大約2600公里範圍內的區域，因氣候溫暖而聞名。

熱帶低氣壓（tropical depression）：一種在熱帶海域上方產生的、風速低於每小時63公里旋轉的風暴體系。

熱帶波（tropical wave）：熱帶地區的一種氣象擾動，可為颶風發展的早期階段。

熱帶風暴（tropical storm）：風以時速63公里至119公里（不含）旋轉的風暴。

熱帶氣旋（tropical cyclone）：印度洋或南太平洋的颶風之統稱。

十七劃

龍捲風（tornado）：從雷暴群下降並接觸地面的、劇烈旋轉的空氣柱，可由颶風產生。

螺旋雨帶（spiral rain band）：由雷暴雲組成，是颶風的一個組成部分，賦予颶風獨特的風車外形。

颶風（hurricane）：風圍繞著一個巨大的圓圈不停旋轉的巨型風暴，風速至少為每小時119公里。

颶風眼（eye of a hurricane）：颶風的中心，比較平靜。

颶風警戒（hurricane watch）：一種天氣預報，通知沿岸地區的人們，颶風可能在36小時內到來。

颶風警報（hurricane warning）：一種天氣預報，警告人們預計24小時內會有颶風襲擊特定沿海地區。

參考書目——地震

After the Tangshan Earthquake: How the Chinese People Overcame a Major Natural Disaster. Peking: Foreign Languages Press, 1976.

Davison, Charles. The Japanese Earthquake of 1923. London: Thomas Murby, 1931.

Engle, Eloise. Earthquake! The Story of Alaska' s Good Friday Disaster. New York: John Day, 1966.

Fradkin, Philip L. The Great Earthquake and Firestorms of 1906: How San Francisco Nearly Destroyed Itself. Berkeley: University of California Press, 2005.

Hough, Susan Elizabeth. Earthshaking Science: What We Know (and Don' t Know) about Earthquakes. Princeton, N.J.: Princeton University Press, 2002.

National Research Council, Committee on the Alaska Earthquake. The Great Alaska Earthquake of 1964: Biology. Washington, D.C.: National Academy of Sciences, 1971.

National Research Council, Committee on the Alaska Earthquake. The Great Alaska Earthquake of 1964: Human Ecology. Washington, D.C.: National Academy of Sciences, 1970.

Tazieff, Haroun. Earthquake Prediction. New York: McGraw-Hill, 1992.

U.S. Coast and Geodetic Survey. The Prince William Sound, Alaska, Earthquake of 1964 and Aftershocks (vols. I, II-A, II-BC, and III). Washington, D.C.: United States Government Printing Office, 1966–1969.

Zeilinga de Boer, Jelle, and Donald Theodore Sanders. Earthquakes in Human History: The Far-Reaching Effects of Seismic Disruptions. Princeton, N.J.: Princeton University Press, 2005.

Zongjin, Ma, Fu Zhengxiang, Zhang Yingzhen, Wang Chengmin, Zhang Guomin, and Liu Defu. Earthquake Prediction: Nine Major Earthquakes in China (1966–1976). Beijing: Seismological Press, 1990.

1964年，日本新建成的昭和大橋沒能經受住自己經歷的第一次地震。

參考書目——火山

Bullard, Fred M. Volcanoes of the Earth, 2nd revised edition. Austin: University of Texas Press, 1984.

Foshag, William F., and Jenaro Gonzalez-Reyna. Birth and Development of Paricutín Volcano: Mexico. Washington, D.C.: U.S. Geological Survey (Bulletin 965-D), 1956.

Luhr, James F., and Tom Simkin, editors. Paricutín: The Volcano Born in a Mexican Cornfield. Phoenix, Arizona: Geoscience Press, 1993.

Prager, Ellen J. Furious Earth: The Science and Nature of Earthquakes, Volcanoes, and Tsunamis. New York: McGraw-Hill, 2000.

Ritchie, David. The Encyclopedia of Earthquakes and Volcanoes. New York: Facts On File, 1994.

Rodolfo, Kelvin S. Pinatubo and the Politics of Lahar: Eruption and Aftermath, 1991. Quezon City: University of the Philippines Press and the Pinatubo Studies Program, 1995.

Scarth, Alwyn. Vulcan’ s Fury: Man Against the Volcano. New Haven, Connecticut: Yale University Press, 1999.

Sheets, Payson D., and Donald K. Grayson, editors. Volcanic Activity and Human Ecology. New York: Academic Press, 1979.

參考書目——海嘯

Bryant, Edward. Tsunami: The Underrated Hazard. Cambridge, England: Cambridge University Press, 2001.

Dudley, Walter C., and Min Lee. Tsunami! Honolulu: University of Hawaii Press, 1988.

Krauss, Erich. Wave of Destruction. Emmaus, Pennsylvania: Rodale, 2006.

Murty, T. S. Seismic Sea Waves: Tsunamis. Ottawa, Canada: Department of Fisheries and the Environment, Fisheries and Marine Service, 1977.

Myles, Douglas. The Great Waves. New York: McGraw-Hill, 1985.

Powers, Dennis M. The Raging Sea. New York: Citadel Press, 2005.

Prager, Ellen J. Furious Earth: The Science and Nature of Earthquakes, Volcanoes, and Tsunamis. New York: McGraw-Hill, 2000.

在泰國，數百人聚集在一起，緬懷2004年大海嘯的遇難者。

參考書目——乾旱

Allaby, Michael. Droughts. New York: Facts On File, 1998.

Ammende, Ewald. Human Life in Russia. Cleveland: John T. Zubal, 1984 (reprint of 1936 edition).

Bonnifield, Paul. The Dust Bowl: Men, Dirt, and Depression. Albuquerque: University of New Mexico Press, 1979.

Bryson, Reid A., and Thomas J. Murray. Climates of Hunger. Madison: University of Wisconsin Press, 1977.

Davies, R.W., and Stephen G. Wheatcroft, editors. The Years of Hunger: Soviet Agriculture, 1931-1933. New York: Palgrave Macmillan, 2003.

Hurt, R. Douglas. The Dust Bowl: An Agricultural and Cultural History. Chicago: Nelson-Hall, 1981.

Johnson, Vance. Heaven' s Tableland: The Dust Bowl Story. New York: Farrar, Straus, 1947.

Lookingbill, Brad D. Dust Bowl, USA: Depression America and the Ecological Imagination, 1929-1941. Athens, Ohio: Ohio University Press, 2001.

Loveday, A. The History & Economics of Indian Famines. London: G. Bell and Sons, 1914.

Mallory, Walter H. China: Land of Famine. New York: American Geographical Society, 1926.

Mishra, H.K. Famines and Poverty in India. New Delhi, India: Ashish Publishing House, 1991.

Newman, Lucile F., editor. Hunger in History. Cambridge, Massachusetts: Blackwell, 1992 (reprint of 1990 edition).

Patenaude, Bertrand M. The Big Show in Bololand: The American Relief Expedition to Soviet Russia in the Famine of 1921. Stanford, California: Stanford University Press, 2002.

Von Braun, Joachim, Tesfaye Teklu, and Patrick Webb. Famine in Africa: Causes, Responses, and Prevention. Baltimore: The Johns Hopkins University Press, 1999.

Worster, Donald. Dust Bowl: The Southern Plains in the 1930s. New York: Oxford University Press, 1979.

參考書目——颶風

Allen, Everett S. A Wind to Shake the World: The Story of the 1938 Hurricane. Boston: Little, Brown, 1976.

Barnes, Jay. Florida’ s Hurricane History. Chapel Hill: University of North Carolina Press, 1998.

Best, Gary Dean. FDR and the Bonus Marchers, 1933–1935. Westport, Connecticut: Praeger, 1992.

Bixel, Patricia Bellis, and Elizabeth Hayes Turner. Galveston and the 1900 Storm. Austin: University of Texas Press, 2000.

Davies, Pete. Inside the Hurricane: Face to Face with Nature’ s Deadliest Storms. New York: Holt, 2000.

Douglas, Marjory Stoneman. Hurricane. New York: Rinehart, 1958.

Emanuel, Kerry. Divine Wind: The History and Science of Hurricanes. New York: Oxford University Press, 2005.

Greene, Casey Edward, and Shelly Henley Kelly, editors. Through a Night of Horrors: Voices from the 1900 Galveston Storm. College Station: Texas A&M University Press, 2000.

Moraes, Dom. The Tempest Within: An Account of East Pakistan. London: Vikas Publications, 1971.

Rosenfeld, Jeffrey. Eye of the Storm: Inside the World’ s Deadliest Hurricanes, Tornadoes, and Blizzards. New York: Plenum, 1999.

Sheets, Bob, and Jack Williams. Hurricane Watch: Forecasting the Deadliest Storms on Earth. New York: Vintage Books, 2001.

數不清的寵物和動物在卡崔娜颶風中失蹤，這隻幸運的狗找到了一個露出水面的屋頂暫時安身，等待救援。

延伸閱讀及研究——地震

延伸閱讀書目：

中文圖書：

《台灣的斷層與地震》，蔡衡、楊建夫著，遠足文化，2004年出版。

《土撥鼠博士的地震探險》，松岡達英文/圖，陳致元譯，台灣東方出版社，2007年出版。

《防震與減災：台灣地區未來的地震》，鄭魁香著，全華圖書，2007年出版。

《台灣921大地震的集體記憶》，黃榮村著，印刻出版社，2009年出版。

《地震和火山探秘一探秘百科》，魯賓著，何景旺，中央編譯出版社，2008年出版。

外文圖書：

Claybourne, Anna. Read About Earthquakes. Brookfield, Conn.: Copper Beech Books, 2000.

Gentle, Victor, and Janet Perry. Earthquakes. Milwaukee: Gareth Stevens, 2001.

Lassieur, Allison. Earthquakes. Mankato, Minn.: Capstone Press, 2001.

Reed, Jennifer. Earthquakes: Disaster & Survival. Berkeley Heights, N.J.: Enslow, 2005.

Richards, Julie. Quivering Quakes. Broomall, Penn.: Chelsea House, 2002.

Tanaka, Shelley. Earthquake! On a Peaceful Spring Morning, Disaster Strikes San Francisco. New York: Hyperion Books for Children, 2004.

Richards, Julie. Quivering Quakes. Broomall, Penn.: Chelsea House, 2002.

Thoron, Joe. Earthquakes. Tarrytown, N.Y.: Marshall Cavendish Benchmark, 2007.

地震參考網站：

中央地質調查所，台灣的活動斷層專網，有詳細的台灣活動斷層查詢系統與教學區：http://fault.moeacgs.gov.tw/TaiwanFaults/Default.aspx

中央氣象局，有詳細的地震資訊與地震百問與解答：http://www.cwb.gov.tw/V7/earthquake/

九二一地震博物館：http://www.921emt.edu.tw/

國立科學工藝博物館／地震科學探索：http://www3.nstm.gov.tw/earthquake/index.htm

內政部消防署，有台灣歷年災害、統計與防災知識：http://www.nfa.gov.tw

美國地質調查局網站上與地震發生地點、發生原理以及地震檢測、預測相關的資訊（英文）：http://pubs.usgs.gov/gip/earthq1/

美國地質調查局專為兒童準備的地震知識（英文）：http://earthquake.usgs.gov/learning/kids.php

有關地震的基礎知識，包括板塊構造和地震安全注意事項（英文）：http://www.weatherwizkids.com/earthquake1.htm

為年輕人設計的地震網站，包括全世界各地的地震故事（英文）：http://www.fema.gov/kids/quake.htm

一些著名地震的簡要介紹，主要是發生在20世紀的地震（英文）：http://www.pdc.org/iweb/earthquake_history.jsp

延伸閱讀及研究——火山

延伸閱讀書目：

中文圖書：

《台灣的火山》，宋聖榮著，遠足文化，2006年出版。

《火山爆發——地熱、熔岩、海島天堂》，Anita Ganeri著，如何出版社，2005年出版

《火山奇緣——大屯火山群》，陳文山著，國立台灣科學教育館，2001年出版

《火山小百科》，約翰・法恩登著，貓頭鷹出版社，1999年出版

外文圖書：

Lauber, Patricia. Volcano: The Eruption and Healing ofMount St. Helens. New York: Bradbury, 1986.

Magloff, Lisa. Volcano. New York:Dorling Kindersley, 2003.

Morris, Neil. Volcanoes. New York: Crabtree, 1996.

Vogt, Gregory. Volcanoes. New York: Franklin Watts, 1993.

O'Meara, Donna. Volcano: A Visual Guide. Ontario: Firefly Books, 2008.

參考網站：

火山世界網站，提供豐富的火山資訊，內容較淺顯：http://volcano.oregonstate.edu/

全球火山計畫網站，提供全世界的火山照片、資訊與即時訊息：http://www.volcano.si.edu/index.cfm

美國地質調查局的火山危害項目網站，其中有很多鏈接指向地質調查局的其他網站：http://volcanoes.usgs.gov/

美國國家公園管理局針對美國國家公園的火山指南，上面有很多鏈結：http://www2.nature.nps.gov/geology/tour/volcano.cfm

大屯火山觀測站有關大屯火山群的監測與科普知識：http://tec.earth.sinica.edu.tw/volcano/

延伸閱讀及研究——海嘯

延伸閱讀書目：

中文圖書：

《大海嘯－毀滅與重生》，經典雜誌，經典雜誌出版社，2005年出版。

《臺灣沿岸海嘯影響範圍與淹水潛勢分析》，陳冠宇等著，交通部運輸研究所，2011年出版。

《日本311默示：瓦礫堆裡最寶貝的紀念》，陳弘美，麥田，2012年出版。

外文圖書：

Fine, Jil. Tsunamis. New York: Children' s Press, 2007.

Hamilton, John. Tsunamis. Edina, Minnesota: Abdo Publishing, 2006.

Karwoski, Gail Langer. Tsunami: The True Story of an April Fools' Day Disaster. Plain City, Ohio: Darby Creek Publishing, 2006.

Malaspina, Ann. Tsunamis. New York: Rosen Publishing, 2007.

Morris, Ann, and Heidi Larson. Tsunami: Helping Each Other. Minneapolis, Minnesota: Millbrook Press, 2005.

Stewart, Gail B. Catastrophe in Southern Asia: The Tsunami of 2004. Detroit: Lucent Books, 2005.

參考網站：

中央氣象局的台灣海嘯文獻收錄：http://scman.cwb.gov.tw/eqv5/eq100/100/067.HTM

與海嘯有關的常見問題解答（英文），有配圖：http://www.drgeorgepc.com/TsunamiFAQ.html

美國國家海洋和大氣管理局（NOAA）的海嘯網站（英文），包括了大量資訊：http://www.tsunami.noaa.gov/

2004年印度洋海嘯中，各國遭受海嘯襲擊情況的總結（英文）：http://news.bbc.co.uk/2/hi/asiapacific/4126019.stm

印度洋海嘯之前動物們的反常行為（英文）：http://news.nationalgeographic.com/news/2005/01/0104_050104_tsunami_animals.html

2011日本東北地震相關網站匯整，含NOAA的海嘯數值模擬動畫：http://wiki.esipfed.org/index.php/110311_JapanEarthquake

延伸閱讀及研究——乾旱

延伸閱讀書目：

中文圖書

《氣候戰爭2.0：決定全人類命運的最後一場戰役》，格溫·戴爾著，財信出版，2010年出版。

《改變世界的6℃》，馬克·林納斯著，天下雜誌，2010年出版。

《不能沒有水：101個IDEA，荷包滿滿愛地球！》，克雷格·梅登、艾咪·卡蜜秋著，詹嘉紋譯，山岳出版社，2009年出版。

外文圖書：

Chambers, Catherine. Drought. Chicago: Heinemann, 2001.

Coombs, Karen Mueller. Children of the Dust Days. Minneapolis: Carolrhoda Books, 2000.

Cooper, Michael. Dust to Eat. New York: Clarion, 2004.

Meltzer, Milton. Driven from the Land: The Story of the Dust Bowl. New York: Benchmark Books, 2000.

參考網站：

中央氣象局：http://www.cwb.gov.tw/V7/index.htm

經濟部水利署防災資訊網：http://fhy.wra.gov.tw/Pub_Web_2011/

有關水資源保護方面的資訊（英文）：http://www.monolake.org/about/waterconservation

目前有饑荒發生的國家的饑荒情況（英文）：http://www.fews.net/Pages/default.aspx

非洲南部的波札那，大象正在水塘喝水，乾渴的獅子等在一邊。

延伸閱讀及研究——颶風

延伸閱讀書目：

中文圖書：

《颶風》，伊曼紐著，吳俊傑、金棣譯，天下文化，2007年出版。

《狂風暴雨-颱風、颶風、龍捲風》，安妮塔·加納利著，如何出版社，2004年出版。

《魔法校車：穿越颱風》，喬安娜莉·柯爾著，游能悌、陳杏秋譯，遠流出版社，2002年出版。

《颶風與龍捲風》，喬婁那著，蔡士瑩譯，貓頭鷹出版社，2005年出版。

《台灣的颱風》，劉復誠，稻田出版社，2000年出版。

外文圖書：

Gaffney, Timothy R. Hurricane Hunters. Berkeley Heights, New Jersey: Enslow, 2001.

Meister, Cari. Hurricanes. Edina, Minnesota: ABDO, 1999.

Nicolson, Cynthia Pratt. Hurricane! Toronto, Ontario, Canada: Kids Can Press, 2002.

Richards, Julie. Howling Hurricanes. Broomall, Pennsylvania: Chelsea House, 2002.

Simon, Seymour. Hurricanes. New York: HarperCollins, 2003.

Souza, D.M. Hurricanes. Minneapolis, Minnesota: Carolrhoda, 1996.

Steele, Christy. Hurricanes. Austin, Texas: Steadwell, 2000.

參考網站：

中央氣象局，含各項氣象資訊與常識：http://www.cwb.gov.tw/V7/index.htm

追風計畫網頁，國科會侵台颱風之飛機偵察及投落送觀測實驗網站，含計畫簡介與觀測個案內容：http://typhoon.as.ntu.edu.tw/DOTSTAR/tw/

美國國家颶風中心/熱帶風暴預測中心的網頁（英文），在這上面可以找到很多關於颶風的有意思的資訊：http://www.nhc.noaa.gov/

美國空軍後備隊的颶風獵人的網站（英文），上面有一些具體風暴的照片、故事和資訊：http://www.hurricanehunters.com/

伊利諾伊大學的颶風線上氣象指南主頁（英文），上面有很多話題，如解釋颶風的結構，從全球的觀點瞭解颶風等：http://ww2010.atmos.uiuc.edu/(Gh)/guides/mtr/hurr/home.rxml

美國國家航空航天局的颶風網站（英文）http://kids.earth.nasa.gov/archive/hurricane/index.html

關注颶風及其他自然災害的美國國家地理網站（英文）：http://www.nationalgeographic.com/eye/natures.html

採訪對象——地震

科學家

德洛麗絲·克拉克(Delores Clark),美國國家海洋和大氣管理局公共事務員,夏威夷檀香山

赫爾曼·M. 弗里茨(Hermann M. Fritz)博士,佐治亞理工學院土木及環境工程學院

羅傑·漢森(Roger Hansen)博士,地震學家,阿拉斯加費爾班克大學地球物理學院地震學教授

露西·鐘斯(Lucy Jones)博士,地震學家,美國地質調查局,加利福尼亞州帕薩迪納市

阿爾伯特·洛佩茲·委內加斯(Alberto M. Lopez-Venegas)博士,美國地質調查局,東部地區伍茲霍爾科學中心

麗莎·沃爾德(Lisa Wald),地震學家,美國地質調查局,科羅拉多州戈爾登市

地震目擊者

嬌拉汀娜·阿爾法諾(Geraldina Alfano)

維托·阿爾法諾(Vito Alfano)

蘿拉·巴頓(Laura Barton)

約翰·克雷頓船長(Captain John Crayton)

莫麗·多蘭·克里滕登(Mollie Doran Crittenden)

蜜雪兒·多蘭(Michele Doran)

蘇珊·多蘭(Susan Doran)

文森特·多蘭(Vincent Doran)

V. J. 多蘭(V. J. Doran)

約翰·伊茲(John Eads)

羅伯特·伊茲(Robert Eads)

內德里科·卡拉比克(Nedeljko Kalabic)

茲琳卡·卡拉比克(Zrinka Kalabic)

琳達·麥克雷·麥克斯溫(Linda McRae MacSwain)

蘇珊·馬丁森(Susan Martinson)

道格·麥克雷(Doug McRae)

雷·昂格森(Ray Ungson)

維奧拉·西米恩諾夫－英加(Viola Simeonoff-Inga)

採訪對象——火山

美國地質調查局火山學家：

卡洛琳·德里傑，華盛頓州溫哥華市
約翰·W尤爾特，華盛頓州溫哥華市
蒂娜·尼爾，阿拉斯加州安克雷奇市
詹姆斯·奎克博士，維吉尼亞州雷斯頓

其他科學家：

鮑勃·弗羅因德
阿爾貝托·洛佩茲，西北大學地質系研究生
里奇·馬里奧特，氣象學家，華盛頓州西雅圖市
傑夫·奧西恩斯基，美國國家氣象局火山灰項目負責人
凱爾文·羅多夫，地質學家，芝加哥伊利諾大學地球與環境科學系終身名譽教授
宋聖榮，台灣大學地質系教授

火山噴發目擊者（括弧內為其目擊的火山）：

麥克·凱恩斯（聖海倫火山）
曼紐爾·科雷亞（帕里庫廷火山）
奧斯丁·詹金斯（聖海倫火山）
阿爾貝托·洛佩茲（蒙塞拉特島上的蘇夫利爾火山）
里奇·馬里奧特（聖海倫火山）
布魯斯·納爾遜（聖海倫火山）
瓦萊麗·皮爾森（聖海倫火山）
凱爾文·羅多夫（皮納圖博火山）
蘇·拉夫（聖海倫火山）
桃樂西·斯托菲爾（聖海倫火山）
凱斯·斯托菲爾（聖海倫火山）

採訪對象——海嘯

科學家

德洛麗絲·克拉克（Delores Clark），夏威夷檀香山的NOAA公共事務官員

布魯斯·傑夫（Bruce Jaffe）博士，地質學家及海洋學家，任職於加利福尼亞州聖克魯斯的美國地質調查局

珍妮·布朗齊·約翰斯頓（Jeanne Branch Johnston），民防部夏威夷州地震及海嘯專案主管

威廉·奈特（William Knight），海洋學家，任職於位於阿拉斯加州帕默的西海岸和阿拉斯加海嘯預警中心

阿爾伯特·M.洛佩茲-委內加斯（Alberto M. Lopez-Venegas）博士，任職於美國地質調查局東部地區的伍茲霍爾科學中心

辛蒂·普瑞勒（Cindi Preller），地質學家及海嘯預報專家，任職於位於阿拉斯加州帕默的西海岸和阿拉斯加海嘯預警中心

布萊恩·希羅（Brian Shiro），地球物理學家，任職於位於夏威夷檀香山的太平洋海嘯預警中心

丹·沃克（Dan Walker）博士，夏威夷檀香山海嘯顧問

諮詢專家

吳祚任，中央大學水文與海洋科學研究所助理教授

海嘯目擊者

布魯斯·傑夫(Bruce Jaffe，印尼)

迪派克·簡（Dipak Jain，泰國）

珍妮·布朗齊·約翰斯頓（Jeanne Branch Johnston，夏威夷）

道格·麥克雷（Doug McRae，阿拉斯加）

愛瑞斯·蒙蒂斯（Eranthie Mendis，斯里蘭卡）

霍華德·烏爾里希（Howard Ulrich，阿拉斯加）

丹·沃克（Dan Walker，夏威夷）

採訪對象——乾旱

旱災倖存者

美國，「骯髒的30年代」

瓊·雷楚·布林德

傑拉德·迪克遜

瑪麗·德雷克

奧克塔薇爾·杜瑞·菲爾提

法蘭西斯·赫容

山姆·霍華德

潔西·霍華德·雷諾

英格柏格·索恩

傑伊·史坦菲

韋恩·Q·溫賽特

非洲：

塞娜許·貝耶納

塞西爾·科爾

澳洲：

皮帕·史密斯

科學家

肯尼斯·F·杜威，氣候學家，內布拉斯加大學林肯分校

理查·海姆，氣象學家，美國國家海洋和大氣管理局

J·莫雷·米歇爾，氣象學家，美國國家海洋和大氣管理局

法蘭克·理查茲，水文學家，美國國家海洋和大氣管理局

詹姆斯·李斯貝，氣候和氣象學家，澳洲海洋與大氣研究

馬克·斯沃博達，氣候學家，美國國家抗旱減災中心，內布拉斯加大學林肯分校

諮詢專家

唐納德·威海特博士，內布拉斯加州林肯市的美國國家乾旱減災中心的創建人，內布拉斯加大學林肯分校。

布洛肯希爾是一座沙漠小鎮，位於澳洲人稱之為「日灼之地」的新南威爾斯州西部。該圖攝於2002年澳洲大旱期間，這名男子正在修理為他的農場抽水的風車。

採訪對象——颶風

路易士・阿旁德・默塞德，天主教神父，伊利諾州皮奧里亞市

丹尼斯・費爾特根，美國國家海洋和大氣管理局氣象學家，馬里蘭州銀泉市

迪克・弗萊徹，WTSP-TV首席氣象學家，佛羅里達州坦帕/聖彼得斯堡

理查・I・海頓，密西西比州帕斯克里斯琴

傑克・赫迪三世，美國國家氣象局預測辦公室水文氣象技術員，路易斯安那州斯萊德爾

賈桂琳・海因斯和萊昂·海因斯，密西西比州格爾夫波特

史考特・凱澤，美國國家氣象局氣象學家和颶風專家，馬里蘭州銀泉市

菲力浦・基欽少校，紐奧爾良郡民事警長辦公室

派特・麥斯威爾，密西西比州長灘市

喬治・邁克爾・邁可森，密西西比州帕斯克里斯琴

雪麗・穆里尤，颶風研究氣象學家，美國國家海洋和大氣管理局，佛羅里達州邁阿密

司昂尼・萊利，德州休士頓市

蘭斯・威廉斯，德州休士頓市

南茜・普賴爾・威廉斯，密西西比州帕斯克里斯琴

吳俊傑，台灣大學大氣科學系教授

2004年，法蘭西斯颶風刮過佛羅里達州的一個葡萄柚果園之後的景象。

謝誌——地震

特別要感謝美國國家地球物理資料中心的 喬伊·伊開爾曼，她為本書及其他目擊災難的書提供了精美的圖片。

關於我們的專家

「我出生在德克薩斯州的聖安東尼奧，但我一直想住在科羅拉多州，因為那裏是我假期收集石頭的天堂。我一直都對科學很感興趣，但要從其中選出一個專業來並不容易。我猶豫著自己的專業，從生物到醫學什麼都考慮了一遍，但最終還是選擇了地質學當中的地震學作為自己的研究方向。我第一次感受到地震是在1987年，當時我在位於加利福尼亞州帕薩迪納的美國地質調查局剛工作了三個月。在那裏工作了20年之後，我轉到了科羅拉多州的辦公室，負責管理美國地質調查局地震危害專案的網站，重點關注地震教育和即時地震資訊。我住在科羅拉多州的埃弗格林，我的丈夫也是地震學家，我們還有兩個孩子和兩隻貓。」

——**麗莎·沃爾德**，美國地質調查局

「我很幸運地出生在波多黎各這座可愛的熱帶島嶼上，並在那裏長大。我對地球是如何形成的及它在漫長歲月裏的經歷非常感興趣，這種興趣促使我在波多黎各大學馬亞圭斯校區學習了地質學。之後，我在伊利諾伊州埃文斯頓的西北大學學習地震，並獲得了博士學位。現在我住在麻塞諸塞州的伍茲霍爾，為美國地質調查局工作，研究地震是如何引發海嘯的。我希望能傾自己所學，幫助人們瞭解地震及地震帶來的影響。」

——**阿爾伯特·洛佩茲·委內加斯博士**，美國地質調查局

圖版出處：

back, Emory Kristof / NG Image Collection; spine, Bill Roth/ Anchorage Daily News/ Associated Press; 8-9, James Balog/Getty Images; 3, Koji Sasahara/ Associated Press; 10, Ward W. Wells/ Anchorage Museum at Rasmuson Center; 13, Pratt Museum; 14, Stan Wayman/Life Magazine, Copyright Time Inc./Time Life Pictures/Getty Images; 15, Central Press/Getty Images; 16, Chiaki Tsukumo/ Associated Press; 17, Museum of Fine Arts, Boston. Reproduced with permission. c2000 Museum of Fine Arts, Boston. All Rights Reserved; 19, NG Image Collection; 20 up left, Susan Sanford/ NG Image Collection; 20 up right, Susan Sanford / NG Image Collection; 20 lo left, Susan Sanford / NG Image Collection; 20 lo right, Susan Sanford / NG Image Collection; 22, Ann Johansson/ Associated Press; 23, Kashuhiro Nogi/ AFP/ Getty Images; 25, J.R. Stacy/ USGS; 26, Library of Congress; 27, National Information Service for Earthquake Engineering, EERC, University of California, Berkeley; 29, USGS; 30, Newspaperarchive.com; 31, Library of Congress; 32, J. B. Macelwane Archives, Saint Louis University; 33, USGS; 35, T. Kuribayashi, National Information Service for Earthquake Engineering, EERC, University of California, Berkeley; 36, Chris Sattlberger/ Photo Researchers, Inc.; 37, Banaras Khan/ AFP/ Getty Images; 39, Mike Poland/USGS; 41, Commander Emily B. Christman/ NOAA; 42, Chuck Nacke//Time Life Pictures/ Getty Images; 43, C.E. Meyer/ USGS; 44-45, Farzaneh Khademian/Corbis 47,經濟部中央地質調查所; 222, Jim Holmes/ Axiom/ Getty Images; 223, Reza / NG Image Collection; 232, Keystone/ Getty Images

謝誌——火山

特別感謝我們的孫子，亞倫·伯納德·陶德·費雷丁，他提醒我們恐龍滅絕可能和火山有關。

感謝美國地質調查局喀斯開火山觀測站的電腦專家和網站管理員琳恩·托普金加。

還要謝謝詹姆斯·呂爾博士，作為史密森尼學會下屬的全球火山計畫負責人，他仔細幫我們查讀了本書，並給出了非常好的意見和評論。

我們的顧問：

詹姆斯·奎克，1950年出生於美國加州伯班克市，他在加州理工學院學習地球深處岩漿的形成，並取得了博士學位。從此以後，奎克博士致力於研究岩漿在海底地殼和大陸地殼形成中的作用。為了做好研究，他的足跡遍布五大洲的幾十個國家。奎克博士是美國地質調查局火山危害專案的專案協調員。

卡洛琳·德里傑出生於美國賓夕法尼亞州的菲尼克斯維爾。她曾經在賓州的錢伯斯堡任教三年，教授8年級學生地球科學。1990年起，她任職於華盛頓州溫哥華市的美國地質調查局喀斯開火山觀測站，負責水文研究工作，並擔任外展協調員。她的研究重點是火山造成冰川融化後引起的洪水，以及火山噴發使冰雪融化後帶來的危害。作為外展協調員，德里傑致力於使喀斯開的民眾更瞭解火山可能帶來的危害。

夏威夷啟勞亞火山的噗歐火山口把熾熱的熔岩噴到海水中。溫度超過450度的熔岩在與海水接觸時產生大量水蒸氣，在海面上形成了一個小小的水龍捲。

圖版出處：

52-53: ©Steve Raymer/ NGS Images 4: ©Carsten Peter/ NGS Images; 54: K. Segerstrom/ USGS; 55: artwork by Dr. Atl; 56: R. E Wilcox/ USGS; 58-59: James Luhr/ USGS; 59 right: Navarro; 60: Michael L. Smith/ Photographic Reflections; 62: artwork by Precision Graphics; 63: ©Frans Lanting/ NGS Images; 64 top: ©Associated Press; 64 left: D. E. Weiprecht/ USGS; 64 right: J.P. Lockwood/ USGS; 65: ©Beawiharta/ Reuters; 66: Chris Newhall/ USGS; 67 left: NASA; 67 center: Tom Pierson/ USGS; 67 right: ©Corbis; 68: ©Emory Kristof/ NGS Images; 70 top: ©K Yamashita/ PanStock/ Panoramic Images/ NGS Images; 70 bottom: NASA; 71: ©Sean Sexton Collection/ Corbis; 72: Rich Marriott; 73: Courtesy of The Graphic; 74: Library of Congress ; 75 all: ©Gary L. Rosenquist;76: Lyn Topinka/ USGS; 77: ©Jim Richardson; 78: ©Brad Lewis/ Getty Images; 79: ©Roger Ressmeyer/ Corbis; 80 top: ©Roger Ressmeyer/ Corbis; 80 bottom: ©Frank Krahmer/ zefa/ Corbis; 81: ©Danny Lehman/ Corbis; 82 left: ©Phil Schermeister/ NGS Images; 82-83: NOAA; 83 right: ©Roy Toft/ NGS Images; 84: ©Kemal Jufri/ Polaris; 87: Alberto Lopez; 88: ©Paul Bowen/ Science Faction/ Getty Images; 89: ©Ed Wray/ Associated Press; 90-91: © David Madison/ Photographer's Choice/ Getty Images; 248: Christina Heliker/ USGS.

謝誌——海嘯

辛蒂·普瑞勒，地質學家及海嘯預報專家，任職於美國西海岸和阿拉斯加海嘯預警中心。

「我來自科羅拉多州，很小的時候，我就發現岩石看起來非常美麗，並且每一塊岩石都和別的岩石不一樣，從那時起我對岩石產生了濃厚的興趣。大約8歲的時候，我開始對各種各樣的山很著迷。不過，直到我在大學裡偶然選擇了地質學作為選修課以後，我才發現地質學是我的熱愛。我以前一直以為自己想成為一個化學家呢。

和其他人一樣，印度洋大海嘯讓我非常震驚。我有一個朋友在這兒工作，後來這裡有一個職位空缺，我非常感興趣，所以就應聘了。我們監測地球的『脈搏』，記錄地球上發生的每一次地震。如果在比較敏感的地區發生了較強地震，我們就會發布海嘯警報。在沒有海嘯和地震發生的時候，我們會開發一些軟體，以使我們的分析更快、更準確。我們還會回答人們提出的問題，打電話過來詢問的可能是正在做科學課作業的三年級小學生，也可能是正在擔心的親友，或者是一位知名記者。不管是誰打來的，我都會一視同仁，認真回答。

我有一個女兒，名叫薇洛，今年12歲，她在我心目中是最了不起的小姑娘。我的家庭成員包括我和女兒，兩隻活潑可愛的狗，還有一群魚。我們喜歡一起旅行、游泳、跳舞、遠足、滑皮艇、玩遊戲、讀書和放鬆休閒。我收集了很多種類的沙子，超級喜歡音樂和牛奶巧克力。」

丹·沃克博士，夏威夷檀香山的海嘯顧問

「我小的時候，祖父在伊利湖邊有一個造船廠。夏天的時候，我就沿著弗米利恩河過著像《湯姆歷險記》中主人翁那樣的生活。幾年之後，我開始在太平洋的島嶼上歷險。開始，我只是一個研究生，後來成為夏威夷大學的地震學家（主要工作是研究地震及其影響，例如海嘯）。

在這裡，我想告訴所有的年輕讀者，科學有時候是一種偉大的冒險，探索我們的地球本身就是很棒的經歷，如果你以後能成為科學家，你的發現將有助於提高未來人們的生活品質。

我有三個兒子、一個女兒，還有三個孫子孫女。我的主要工作是在夏威夷製作和安裝監測海嘯的裝置。平時我也會寫一些關於海嘯的研究論文和科普文章，有時候也寫自己在太平洋上的歷險故事。我喜歡騎自行車、跑步和在大海裡游泳。我希望讓自己保持年輕，能一直做鐵人三項運動。」

圖版出處：

96-97, Rick Doyle/ Corbis; 5, Hermann M. Fritz, Georgia Institute of Technology; 98, Jose C. Borrero, University of Southern California; 106 both, IKONOS satellite imagery by GeoEye/ CRISP-Singapore; 107, AFP/ Getty Images; 108 both, Joanne Davis/ Polaris; 109 left & right, Joanne Davis/ Polaris; 109 bottom, Mark Pearson; 110, PH3 Tyler J. Clements, United States Navy; 111, Louis Evans, Curtin University of Technology; 112, Image: S. Lombeyda, Caltech Center for Advanced Computing Research; V. Hjorleifsdottir and J. Tromp, Caltech Seismological Laboratory; R. Aster, Reprinted with permission from Science Volume 308, Number 5725 (20 May 2005); 113, U.S. Geological Survey; 114, U.S. Geological Survey; 116, O.H. Hinsdale Wave Research Laboratory, Oregon State University; 117, Bretwood Higman, University of Washington; 118, NASA; 119 both, Koji Sasahara/ Associated Press; 120, Jose C. Borrero, University of Southern California; 121, Pacific Tsunami Museum; 125, Naval Historical Foundation; 127, Used with permission from the Stars and Stripes. © 1964, 2008 Stars and Stripes; 128, Corbis; 130, NOAA National Data Buoy Center; 131, NOAA West Coast and Alaska Tsunami Warning Center; 132, NOAA National Data Buoy Center; 133, Aaron Favila/ Associated Press; 134, NOAA National Data Buoy Center; 135, David Heikkila/ iStockphoto.com; 136, Tim Laman/ National Geographic Image Collection; 138-139, Adam Powell/ Taxi/ Getty Images; 226, Tatyana Makeyeva/ AFP/ Getty Images; 227, U.S. Geological Survey; 234, Bazuki Muhammad/ Reuters/ Corbis.

你能做些什麼？——乾旱

10條給孩子們的節水建議

1. 不到必要時別沖馬桶。水資源保護專家有這麼一句格言：「讓黃色的留下，把褐色的沖走。」

2. 泡澡或淋浴時盡量節約用水。

3. 用洗衣機洗衣時，最好一次性能洗完髒衣服，分幾次洗會比較費水。

4. 用洗碗機洗少量碗碟也很費水。如果有洗碗機的話，一定要記得裝滿了再用。

5. 傍晚時給花草澆水，這樣能減少蒸發，令更多水滲入地下。

6. 用完水龍頭後務必關緊。即使每次滴下一小滴，積累起來也是巨大的浪費。

7. 刷牙時不要讓水龍頭一直開著，用水時再打開。

8. 許多人在打開水龍頭後，因為想起要做其他的事走開，忘了關水龍。這麼做是很浪費的，把它關上！

9. 看見家人和朋友浪費水時要勸他們節約。這個世界你也有份！

10. 要知道，在地球水資源的保護上，不出力就是扯後腿！

如果你有任何關於旱災的問題，或者想討論與旱災有關的東西，歡迎聯繫作者。丹尼斯·弗雷丁和茱蒂·弗雷丁的電子郵件信箱是：fradinbooks@comcast.ne

圖版出處：

138-139, Simon Norfolk/NB pictures; 6, Frans Lanting/National Geographic Image Collection; 140, Ian Waldie/Getty Images; 141, Sherwin Crasto/Reuters/Corbis; 142, Gabriel Tizon/EFE/Associated Press; 143, Evan Morgan/newspix.com; 144, Chris Eastman/newspix.com; 145, J. Pat Carter/Associated Press; 146, Gary Braasch/braaschphotography.com; 147, NASA; 148, Stuart Armstrong; 149, Mark Pearson; 150 both, Goddard Space Flight Center Scientific Visualization Studio/ NASA; 151, MSSS/JPL/NASA; 152, Pierre Mion/NG Image Collection; 153, Library of Congress; 154, Bill Adams/The Express-Times/Associated Press; 156-157, Sarah Leen/National Geographic Image Collection; 158, Research Division, Oklahoma Historical Society; 159, Bruce Bauer/NOAA; 160, George F. Mobley/National Geographic Image Collection; 161, Library of Congress; 163, Research Division, Oklahoma Historical Society; 164, Library of Congress; 165, Research Division, Oklahoma Historical Society; 166, Diego Azubel/epa/Corbis; 167, USPS; 168, Bill Floyd Photography; 169, USAID; 171, Yves Gellie/Corbis; 172, Hibernia Management and Development Company Ltd.; 173, NASA Earth Observatory; 174-175, Ami Vitale/Panos; 229, Cathy Mundy/newspix.com; 240, E Darroch/UN Photo; 245, Chris McGrath/Getty Images.

謝誌——颶風

我要感謝丹尼斯·費爾特根先生，他住在馬里蘭州銀泉市，是美國國家海洋和大氣管理局（NOAA）的氣象學家，感謝他審閱了部分手稿。鄧尼斯在佛羅里達州南部長大，20世紀60年代曾親歷過幾次颶風。1974年他畢業於佛羅里達州立大學，獲得了氣象學學士學位。在將近30年的時間裡，他擔任電視臺記者及氣象學家，20世紀80年代和90年代在颶風災區發回現場報導。2002年，他加入了美國國家海洋和大氣管理局，在佛羅里達州基韋斯特工作了3年，預報了十幾個威脅或襲擊佛羅里達礁島群的颶風的影響程度，其中包括2005年的丹尼斯颶風、卡崔娜颶風和麗塔颶風。他於2005年加入NOAA國家氣象局公共事務部。

我還要感謝史考特·凱澤。他住在馬里蘭州銀泉市，是美國國家氣象局（NWS）的氣象學家和颶風專家，感謝他解答了我們提出的科學性問題。史考特在德州東南部長大，住在墨西哥灣沿岸附近，幾乎每年都受到颶風的威脅。他曾就讀於北德克薩斯州立大學和德克薩斯A&M大學。現在，他已經在國家氣象局工作32年了，但對氣象研究的熱情依然不減。他已婚，並育有兩個孩子。

最後要感謝的是雪麗·穆里尤，她住在佛羅里達州邁阿密市，是美國國家海洋和大氣管理局的颶風研究氣象專家。雪麗從高中時起就開始涉足氣象工作，在NOAA的颶風研究部門做實習生。她說：「我從小就對天氣感興趣。1992年，安德魯颶風在邁阿密登陸，當時，我感受到了它強大的威力和破壞力。這段經歷讓我想研究颶風，讓人類更加瞭解這種天氣現象。」

雪麗會乘坐特製的飛機飛入颶風當中，這是她工作的一部分。其他時間，她負責在地面上收集資料。業餘時間，她過得很充實，忙著照顧家人、朋友，還有她的狗——海蒂。

圖版出處：

180-181, Getty Images; 7, Digital Vision; 182, Jim Reed / Corbis; 183, NOAA; 184, Allen Fredrickson/Reuters; 185, Vincent Laforet/ Pool/Reuters/Corbis; 186, Brian Snyder/Reuters; 187, John McCusker/The Times Picayune; 188, NOAA; 190, Paris Barrera/epa/ Corbis; 191, NOAA; 192, NOAA; 193, COMET® http://meted.ucar.edu/ of the University Corporation for Atmospheric Research (UCAR) pursuant to a Cooperative Agreements with the National Oceanic and Atmospheric Administration, U.S. Department of Commerce. ©1997-2007 University Corporation for Atmospheric Research. All Rights Reserved. 194, Kevork Djansezian/ Associated Press; 195, NOAA; 196, NOAA; 199, NOAA; 201, NASA; 202, Bettmann / Corbis; 204, Bill Lane/ Richmond Times Dispatch; 205, Harry Koundakjian/ Associated Press; 206, Paul Chesley/Getty Images; 207, Reportage/Getty Images; 208, NOAA; 209, Henry Romero/ Reuters / Corbis; 211, Tom Salyer/ Reuters / Corbis; 212, Reuters/ NOAA / Corbis; 214, NOAA; 215, China News Photo/ Reuters / Corbis; 216-217, NASA; 230, Cheryl Gerber/ Associated Press; 236, Mario Tama/Getty Images; 246, Bob Shanley/ Palm Beach Post/ZUMA Press

地震索引

火山索引

海嘯索引

乾旱索引

颶風索引